KU-565-805

To my partners and Fr
Brian, Alex, Ian G, Nigel,
Ian D, Marian, Susan, Ph
Michael, Hiroshi, Kinshi,
Iole, Toti, Helmut.

The famous symbol of
Minale Tattersfield Design
International Design Cons
The Courtyard, 37 Sheen
Richmond, Surrey TW9 1
Telephone: 081 948 799

Offices in London, Paris, Br
Brussels, Barcelona, Hong

The Leader of the Pack

How to design successful packaging

The full packaging design story of Minale Tattersfield
Edited by Marcello Minale, introduced by Jeremy Myerson

Editor **Marcello Minale**

Art direction **Marcello Minale, Steve Dowson**

Book design **Steve Dowson, John Loader**

Research co-ordinator **Liza Honey**

Text co-ordinators **Liza Honey, Susan McCooke**

Italian translation **Guido Lagomarsino, Sara Morazzoni**

Text setting **Edward Batha**

Printed by **World Print, Hong Kong**

Published by **Elfande, London.** ISBN No. 1 870458 50 8

Italian edition **Hoepli, Milan.** ISBN No. 88 203 1931 4

This book could not have been produced without the contribution of all my colleagues over the years, especially:

Non sarebbe stato possibile realizzare questo libro senza il contributo di tutti i miei collaboratori nel corso di tanti anni, e in particolare di:

Brian Tattersfield, Alex Maranzano, Ian Grindle, Nigel Mac-Fall, Dimitri Karavias, Ian Delaney, Philippe Rasquinet, Jim Waters, Michael Bryce, Hiroshi Onishi, Ida Morazzoni, Toti Melzi D'Eril, Marion Hawkins, Steve Dowson, Julia Williams, Diane Jones, Isabel Heath, John Loader, Liz Knight, Gillian Hodgson, Liz Carrow, Marcello Mario Minale, Susan Marshall, Andrea Fenwick-Smith, Stephen Aldridge, Liza Honey, Susan McCooke, Georgina Phillips, Jon Unwin, Quentin Kelsey, Jane Stothert, Sarah Cadman, Sarah Prail, Ian Glazer, Paul & Caroline Browton, Marcella Caricasole, Georgina Lee, Frances Magee, Simon Pemberton, Jeff Willis, Lucy Walker, David Turner, Bruce Duckworth, Martin Devlin, Peter Carrow, Maurice Nugent, Graham Purnel, Ian Butcher, Ray Gregory, Brian Delaney, Nick Wurr, Graham Simpson, Keith Jones, Phil Carter, Steve Gibbons, Marcus Hartland.

Contents

Introduction

Jeremy Myerson

Jeremy Myerson is a leading writer on international design. Founder-editor of Design Week, he has written a number of books and contributed to newspapers and magazines all over the world.

I don't envy the task of those who manage brands and commission packaging design these days.

There has been a proliferation of competing products in every market sector you can think of. Patterns of distribution and marketing have become more complex. The behaviour of consumers has become more unpredictable and difficult to interpret.

Add to that the growing need to create packaging in a pan-European context and you have the potential to turn even the most basic packaging exercise into a logistical and cultural nightmare. Finding the right visual and verbal language to cross national frontiers and attract the Euro-consumer in large numbers is no easy task. This Esperanto of design has become the Holy Grail of marketing.

In the combination of colour, structural form, typography, photography and illustration (the cocktail which creates the world's best known packs), a vast potential minefield of linguistic and aesthetic confusion opens up before the new product development team on every project. Brand managers need to base their design decisions on knowledge and experience of what is likely to work and what will fail to inspire and engage. Which is where this new Minale Tattersfield Design Strategy book comes into the frame.

The international design group founded by the Anglo-Italian partnership of Marcello Minale and Brian Tattersfield has been producing successful packaging for clients since the early 1960s.

Simple case studies of the firm's projects shown here take the marketing team through a wide range of problems, products and markets. There is much to admire in solutions for a diverse range of companies and brands.

Designers don't always make the best commentators on their own work but Minale Tattersfield has an unusually strong track record in producing books which show the design process at its most active, creative and analytical. This is the latest in a series of successful titles which takes the client behind the scenes to see how it was done. It provides such a rich seam of talent and wisdom in packaging design that no marketing manager today can afford to pass it by.

Non invidio chi ha oggi il compito di gestire un brand o di commissionare il progetto per un packaging.

C'è stata una proliferazione di prodotti in concorrenza tra loro in tutti i settori di mercato che vi vengono in mente. Le forme di distribuzione e di marketing sono diventate più complesse. Il comportamento dei consumatori è sempre più imprevedibile, sempre più difficile da interpretare.

A ciò si aggiunga la crescente necessità di realizzare packaging che funzionino in un contesto europeo globale, e si capirà come mai il lavoro per la confezione in apparenza più semplice può trasformarsi in un incubo logico e culturale. Trovare il linguaggio visivo e verbale che riesca a travalicare le frontiere nazionali e a toccare grandi masse di euro-consumatori non è un compito facile. La creazione di questo esperanto del design è diventata come la ricerca del Santo Graal del marketing.

Nella combinazione di colori forme, strutture, caratteri tipografici, fotografia e illustrazione (il cocktail che serve a realizzare le migliori confezioni al mondo), si spalanca davanti all'équipe di ogni progetto, che deve sviluppare un nuovo prodotto, una voragine di commistioni linguistiche ed estetiche. I brand manager devono fondare le proprie scelte sulla conoscenza e sulla propria esperienza, per stabilire che cosa abbia una probabilità di funzionare e che cosa invece non riuscirebbe a produrre ispirazione e interesse. E' in questo contesto che si pone il nuovo libro della Minale Tattersfield Design Strategy.

Il gruppo internazionale di design fondato sul sodalizio anglo-italiano tra Marcello Minale e Brian Tattersfield realizza packaging di successo fin dai primi anni Sessanta.

I semplici ma esemplari casi dei progetti qui presentati portano il marketing team ad attraversare una vasta gamma di problemi e vari tipi di prodotti e di mercati. Le soluzioni offerte alle diverse imprese e marche presentano molti motivi di ammirazione.

Non sempre il designer è il più bravo a commentare il proprio lavoro. Ma la Minale Tattersfield ha una storia eccezionalmente importante di realizzazione di libri che sanno illustrare il processo di design nei suoi aspetti più fattivi, creativi e analitici. Questo volume è l'ultimo di una serie di libri di successo, che porta il lettore dietro le quinte, per mostrargli come si svolge il lavoro e fornisce una tale miniera di elementi di talento e di buon senso nella progettazione di packaging, che nessun marketing manager può oggi permettersi di non tenerne conto.

A poster for a packaging conference by Minale Tattersfield

The reasons that motivated me to produce this book after 30 years of creating packaging design are:

A. There are no packaging design books on the market that illustrate the creative process – from the brief through the suffering of the creation, to the satisfaction of the final proof of the pack and the ultimate test, the consumer reaction.

B. I wanted to prove that a good packaging concept, stands the test of time!

C. That the money invested by a client on packaging design brings in a higher proportion of reward than advertising.

If you, reader, perceive what I have set out to explain, in a positive way, I have succeeded. If not, I have failed and you have badly invested your money and time in reading this book!

Le ragioni che mi hanno spinto a fare questo libro dopo trent'anni di realizzazioni nel campo del packaging sono queste:

A. Non esistono sul mercato testi di packaging design che illustrino il processo creativo, partendo dal brief, attraverso le doglie della creazione, per arrivare fino alla soddisfazione di presentare il proof finale e di avere il riscontro definitivo, la reazione dei consumatori.

B. Volevo dimostrare che un packaging ben concepito regge alla prova del tempo!

C. Che il denaro investito dal cliente nel progetto di un packaging porta un ritorno superiore a quello della pubblicità.

Se tu, lettore, riuscirai a cogliere in tutta la sua chiarezza quello che mi proponevo di spiegare, sarò riuscito nel mio intento. Altrimenti, io avrò mancato e tu avrai investito male i tuoi soldi e sprecato il tuo tempo leggendo questo libro!

Marcello Minale

Designing for major brands, Marcello Minale

The nineties are upon us and packaging design has thrown off the role of 'silent salesman' for that of 'marketing hero'. The pack designer's brief used to be straightforward and simple – grab consumers' attention through graphics and shape, stimulate selection and set up a brand preference. Today clients require a more strategic approach, especially on brands for the international market-place.

Consider the branding 'super powers' within the international marketplace – multi-national companies such as Procter & Gamble, Unilever, Henkel and Nestle. These companies operate across a number of technologies and possess subsidiaries and brands all of which need to be considered in relation to their corporate profile and the role this plays within their markets.

Furthermore, such companies have buying power, whether in terms of raw materials, packaging or television advertising, to position themselves ahead of the smaller national and specialist companies.

Therefore, for these companies, pack design now encompasses many design disciplines. It has progressed logically from a conventional graphic treatment, to playing an important role within the corporate identity.

Packaging based corporate programmes are essential when designing for a company with a wide variety of consumer products and other industrial interests.

Progettare per le marche importanti, Marcello Minale

Siamo nel pieno degli anni Novanta, e il pack design ha oramai abbandonato il suo ruolo originale di 'venditore silenzioso' per assumere quello di 'protagonista del marketing'. Una volta, i brief per chi disegnava il packaging erano semplici e diretti ('attirare l'attenzione dei consumatori con la grafica e la forma, stimolare la scelta e realizzare un orientamento di preferenza sulla marca'). Oggi i clienti vogliono un approccio più strategico, soprattutto per i brand destinati al mercato internazionale.

Pensiamo allo strapotere del branding nel mercato internazionale – nelle multinazionali come la Procter & Gamble, la Unilever, la Henkel e la Nestle. Tutte operano con varie tecnologie, possiedono numerose filiali e detengono diverse marche, ognuna delle quali deve essere considerata in rapporto al profilo d'impresa e al ruolo che svolge nei vari mercati.

Inoltre, queste multinazionali acquistano potere, vuoi in termini di materie prime che di packaging o di pubblicità televisiva, per mantenere un vantaggio nei confronti delle imprese nazionali più specializzate e di dimensioni più ridotte.

Perciò, per le multinazionali, il packaging è qualcosa che racchiude in sé diverse discipline del design. C'è stata un'evoluzione logica da quello che inizialmente era un trattamento grafico convenzionale all'attuale funzione di primo piano nell'identità d'impresa.

I programmi aziendali basati sul packaging sono fondamentali quando si lavora per una società che ha un'ampia gamma di prodotti di consumo e interessi industriali differenziati.

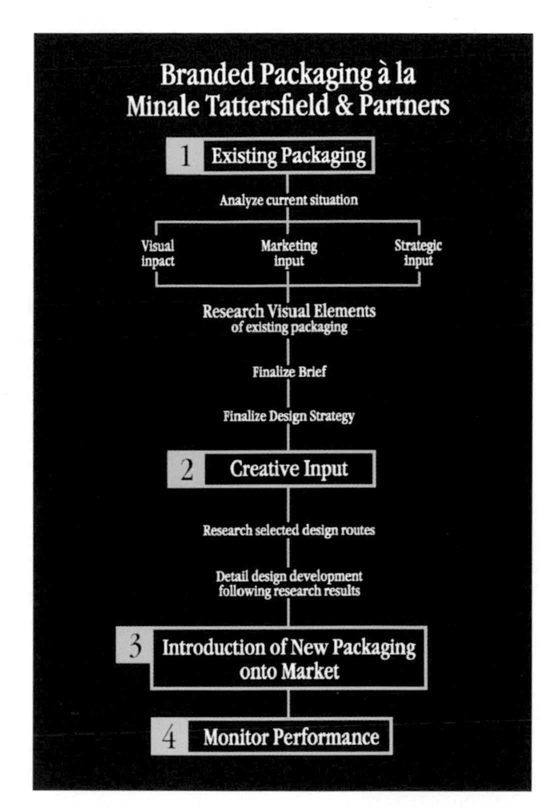

Brand structures

Companies use brands and branding in three quite distinct ways:

- 'Simple' branding structures where each brand stands on its own and relies little on any corporate or divisional endorsements.
- 'Endorsed' branding structures where brands are endorsed by corporate or divisional house brands (eg Cadbury Schweppes, Ford and Kellogg).
- 'Monolithic' branding structures where the corporate brand is virtually the only brand name used and is applied to all the company's products (eg Philips, IBM, Sony).

In practice, few companies fall neatly into any one of these categories. United Biscuits, for example, uses both simple branding (Hob Nobs) and endorsed branding (McVities, Ross, Youngs).

Struttura dei brand

Le imprese utilizzano le marche e il branding in tre modi nettamente distinti tra loro:

- Strutture 'semplici' in cui ogni brand sta per conto suo e fa poco affidamento sul sostegno dell'impresa o della divisione
- Strutture 'appoggiate' nelle quali i brand sono sostenuti dal marchio d'impresa o della divisione (per esempio, Cadbury Schweppes, Ford e Kellogg).
- Strutture 'monolitiche', dove il marchio d'impresa è praticamente l'unico utilizzato e applicato su tutti i prodotti (per esempio, Philips, IBM, Sony).

In pratica, solo pochissime imprese si possono classificare nettamente in una delle tre categorie. United Biscuits, per esempio, si serve di un branding semplice nel caso degli Hob Nobs e di uno appoggiato nel caso dei McVities, Ross, Youngs.

Particular requirements for international brand developments

Below are some key requirements that we consider of prime importance when designing for the international market-place:

- Visiting relevant retail outlets and drawing on our international expertise and network, in order to gain the information necessary to successfully develop the brand for its specific target market.
- Consideration of whether, and how, the company logo should be positioned on the pack, eg should it be perceived as a strong endorsement of the product, or should the brand name be most prominent.
- Should have a very strong branding which is both functional and communicative, especially for a company which has a vast range of products.
- The following creative elements:
symbolism, colour, pack shape, imagery, typography and copy-writing (within current legislation guidelines).
- Establishing colours which are most appropriate for international use.
- Taking into account the various printing techniques and facilities available in the country of origin.
- Allowance for post-printing local/national requirements (if appropriate).

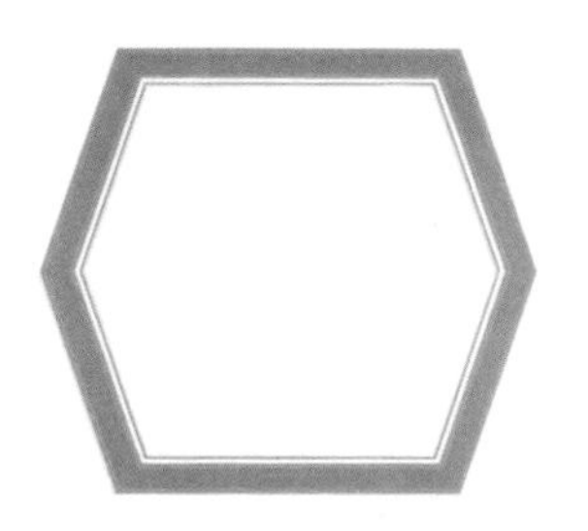

Indicazioni specifiche per la realizzazione di brand internazionali

Ecco qualche indicazione fondamentale, che riteniamo di importanza primaria, quando si lavora per il mercato internazionale:

- Visitare importanti punti di vendita e far ricorso alle nostre competenze e alla nostra rete internazionale per avere tutte le informazioni che servono per sviluppare positivamente la marca rispetto al mercato cui è specificamente destinata.
- Valutare se sia meglio che il marchio d'impresa sia posto sulla confezione in modo da essere percepito come un deciso avvallo al prodotto, oppure che sia il nome del brand ad avere la preminenza.
- Occorre sapere se si deve realizzare, per mezzo del packaging, un brand molto forte, che sia nel contempo funzionale e comunicativo, soprattutto per un'impresa con un'ampia gamma di prodotti da coprire con la marca.
- Vanno presi in considerazione questi aspetti creativi: simbolizzazione, colore, forma della confezione, immagini metaforiche, tipografia e copywrite (secondo le disposizioni di legge in vigore).
- Definizione dei colori più idonei all'impiego a livello internazionale.
- Tenere conto delle varie tecniche di stampa e delle strutture disponibili nel paese d'origine.
- Autorizzazione per le eventuali norme locali/nazionali sul dopo stampa.

Research and analysis

It's tempting to let pure creativity lead the way in design. However, these days, when company's have highly defined marketing plans and objectives for their brands, a more scientific approach is often required.

Minale Tattersfield has carried out research both before and during projects :

Before designing

The Design Audit This takes place before any design work begins. The exact format depends on the project but usually we visit the retail outlets where the product is sold, look at the marketing strategy, the competition and gather any relevant material. Increasingly, as we design for more and more international brands, these audits take place over several European countries and focus on the requirements of the different markets.

Analysing the brand Sometimes we also 'dissect' the brand to analyse the importance of the individual elements of which it is made up and so understand where the brand's visual strengths and weaknesses lie. You can see here how we assessed the various elements of the famous Nastro Azzurro lager.

During the project

Once design proposals have been developed to a reasonably finished stage our clients may request that we undertake market research, in order to get feedback on alternative designs or refine the work according to market needs. We would then prepare appropriate research material and develop the design according to the research findings.

Ricerca e analisi

Nel design c'è sempre la tentazione di lasciarsi guidare dalla creatività. Però oggi, in un'epoca in cui le imprese hanno definito al massimo i programmi di marketing e gli obiettivi per i propri brand, è spesso necessario ricorrere a metodi più scientifici.

Minale Tattersfield ha condotto ricerce sia prima sia nel corso dei progetti:

Prima del progetto

Design Audit Si effettua prima di dare inizio a qualsiasi attività di design. La modalità dipende dal tipo di progetto, ma di solito si fanno visite presso i punti di vendita del prodotto, si osserva la strategia di marketing e la concorrenza e si raccoglie tutto il materiale che può interessare.
Dato che il lavoro di design si svolge per brand sempre più internazionalizzati, capita sempre più spesso che questi audit abbiano luogo in vari paesi europei, mettendo a fuoco le esigenze dei diversi mercati.

Analisi del brand Certe volte si 'disseziona' il brand per analizzare l'importanza dei singoli elementi che lo compongono, in modo da capire dove si trovano i punti di forza e i punti deboli, dal punto di vista visuale. Qui potete vedere come abbiamo valutato i singoli elementi della famosa birra chiara Nastro Azzurro.

Durante il progetto

Una volta che si sono sviluppate le proposte di design a un grado di definizione ragionevolmente buono, può darsi che clienti ci chiedano di condurre una ricerca di mercato, che dia un feedback sulle alternative di design o che serva ad affinare il lavoro sulla base delle esigenze di mercato. In questo caso, si prepara il materiale appropriato e si sviluppa il design in sintonia con gli esiti della ricerca.

Design analysis

When designing for any corporate or branding project it is primarily essential to approach a design brief analytically. In doing so the designers should always take into consideration the following points:

- History
- Values
- Strengths/weaknesses
- Group project and strategy
- The trade
- The competitive position
- Shelf impact
- Range extensions
- The future
- Environmental issues

Analisi del design

Quando si lavora su un qualsiasi progetto d'impresa o di branding, è di primissima importanza affrontare il brief in modo analitico. Per farlo, i designer devono tenere sempre conto di questi aspetti:

- Storia
- Valori
- Punti di forza/punti deboli
- Progetto e strategia del gruppo
- L'attività commerciale
- La posizione rispetto alla concorrenza
- L'impatto visivo
- Le dimensioni della linea di prodotti
- Il futuro
- L'aspetto ecologico

Brand packaging cannot stand still but must be reviewed periodically to make sure that it remains in tune with the market. Changes in the design may seem subtle but are nevertheless vital if the brand is to retain its strength and not become outdated.

Il packaging di una marca può essere ancora valido, ma va riesaminato con periodicitá, per essere certi che resti in sintonia col mercato. Le modifiche nel design possono sembrare minime e ciò nonostante sono essenziali se si vuole che la marca mantenga la sua forza e non invecchi.

Chapter 1: Developing an existing brand

BEEFEATER®

1992

Product Beefeater Gin, a well-established, premium brand, distilled in London for more than 150 years and exported to over 170 countries.

Client James Burrough

Prodotto Gin Beefeater, una marca affermata e pregiata, distillata a Londra da oltre 150 anni ed esportata in più di 170 paesi.

Cliente James Burrough

Brief To revise the brand's packaging, taking it more upmarket and enhancing its quality whilst retaining the established brand image. The new design had to be applied to labels in over ten different languages and adapted for thirteen bottle shapes, several boxes and various packing cases – in total more than 100 new designs.

Brief Rivedere il packaging per renderlo più esclusivo e per valorizzarne la qualità pur mantenendone l'immagine oramai consolidata. Il nuovo design andava applicato alle etichette con scritte in più di dieci lingue e si doveva adattare a tredici bottiglie di diversa foggia e a parecchie confezioni e scatole, per un complesso di più di 100 nuovi design.

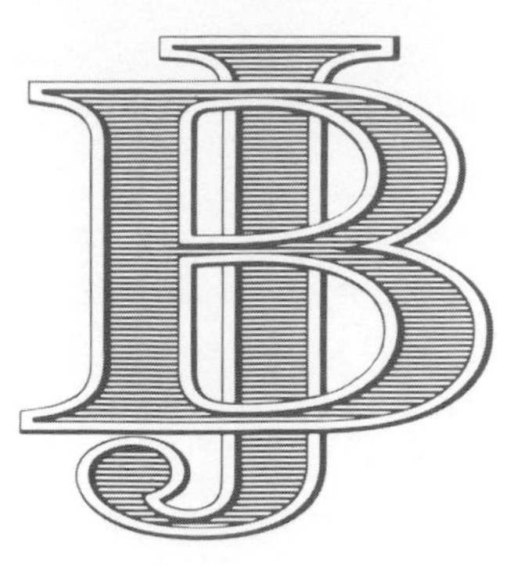

James Burrough

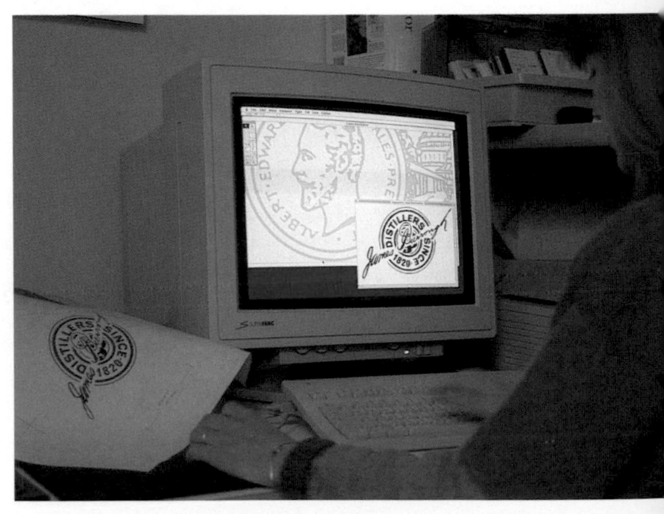

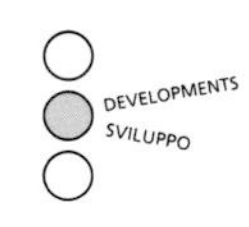
DEVELOPMENTS
SVILUPPO

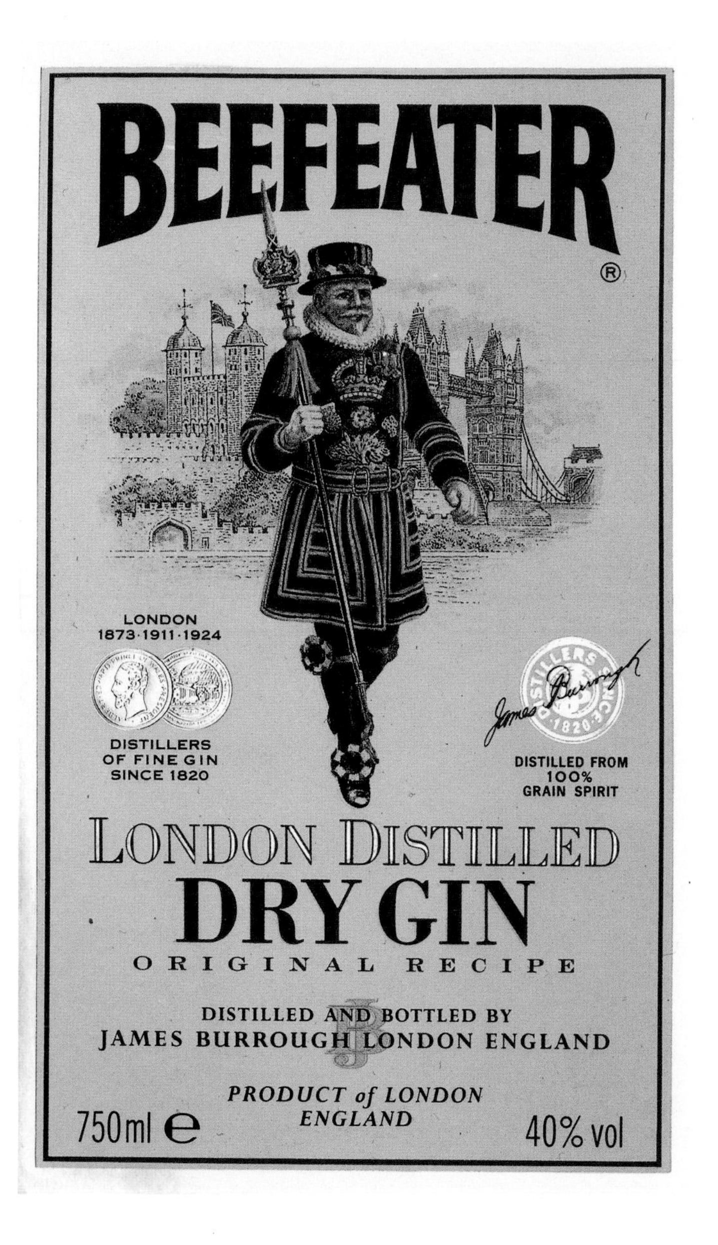
BEEFEATER
®
LONDON
1873·1911·1924
DISTILLERS
OF FINE GIN
SINCE 1820
DISTILLED FROM
100%
GRAIN SPIRIT
LONDON DISTILLED
DRY GIN
ORIGINAL RECIPE
DISTILLED AND BOTTLED BY
JAMES BURROUGH LONDON ENGLAND
PRODUCT of LONDON
ENGLAND
750ml e
40% vol

Solution Key new elements were introduced into the design which combined to create a substantially more elegant and sophisticated appearance. These included: a deeper red, gold foil blocking instead of gold ink; a completely redrawn coloured illustration of the Tower of London, and revised copy to emphasise the product's traditional recipe and London origin.

Soluzione Si sono inseriti nuovi elementi importanti, che contribuiscono a creare un'estetica decisamente più elegante e raffinata. Tra questi elementi ci sono un rosso più intenso, una lamina a sfondo d'oro invece dell'inchiostro dorato, l'immagine della Torre di Londra completamente rifatta, un nuovo testo che illustra la ricetta tradizionale del prodotto e ne evidenzia l'origine londinese.

RESULT
RISULTATO

Kia·ora

1987

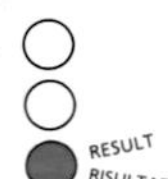

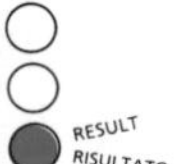

Product Kia-ora fruit drink ranges

Client Coca-Cola Schweppes

Brief To develop new packaging for both bottles and cartons, emphasising the drinks' high fruit content and natural ingredients appealing to the more health conscious consumer.

Solution Bold fruit illustrations and a 'seal' stating that the products contain no artificial colours or preservatives were carried prominently on the new design. The two 'High Juice' products further emphasise the fruit content with an illustration of a fruit squeezer full of juice and a 'seal' stating the 40% real fruit juice content. The ragged border panels and dark green infill on the 'High Juice' packs represent the tissue paper traditionally used to wrap fresh fruit for transport. The Kia-Ora logo was also updated to give a bolder, fresher approach, completing an image that appeals as much to the children who drink Kia-Ora as the parents who buy it.

Prodotto Succhi di frutta Kia-Ora

Cliente Coca-Cola Schweppes

Brief Sviluppare un nuovo packaging sia per le bibite in bottiglia che per quelle in cartone, mettendo in luce l'elevata percentuale di frutta e gli ingredienti naturali che attirano il consumatore attento a un'alimentazione sana.

Soluzione I nuovo design riporta sostanzialmente immagini vivaci di frutta e un 'sigillo' che indica che i prodotti non contengono coloranti o conservanti artificiali. I due prodotti 'High Juice' mettono inoltre in evidenza il contenuto di frutta attraverso l'immagine di uno spremiagrumi pieno di succo e un 'sigillo' che dichiara che la percentuale effettiva di succo di frutta è del 40%. I pannelli con i bordi scabri e il riempitivo verde scuro delle confezioni 'High Juice' richiamano la carta velina che si usa tradizionalmente per avvolgere la frutta in spedizione. Il logo Kia-Ora è stato aggiornato per creare un approccio più diretto e immediato, a integrazione di un'immagine che attragga tanto i bambini che bevono i succhi Kia-Ora quanto i genitori che li comprano.

RESULT
RISULTATO

1987

Product Bushmills, owned by Irish Distillers, is both one of the world's leading whiskey brands and reputed to be one of the oldest in existence.

Client Irish Distillers

Brief To upgrade the packaging to better reflect Bushmills premium pricing and market positioning.

Solution Working with the existing bottle, the front, neck and cap labels were re-designed to eliminate inconsistencies and clarify the typography. The gold foil blocking was also refined.

Prodotto Bushmills, proprietà di Irish Distillers, è una delle marche di whisky più note al mondo e viene inoltre considerata una delle più antiche tra quelle oggi esistenti.

Cliente Irish Distillers

Brief Valorizzare il packaging, per rispecchiarne meglio il prezzo speciale e la posizione di mercato.

Soluzione Operando con la bottiglia così com'è, si sono ridisegnate l'etichetta anteriore, quella del collo e quella del tappo, per eliminare gli elementi non coerenti e ripulire le scritte. Si è anche resa più fine la lamina d'oro di risalto.

FROM THE WORLD'S OLDEST WHISKEY DISTILLERY
The Original
BUSHMILLS
IRISH WHISKEY
PRODUCT OF IRELAND
DISTILLED. MATURED & BOTTLED BY
The 'Old Bushmills' Distillery Co.
LIMITED
BUSHMILLS
COUNTY ANTRIM
40 % vol
750ml e
RESULT
RISULTATO

1990

Product Daz Ultra is the new concentrated version of the famous blue whitener. Original Daz has been a market leader for some 40 years.

Client Procter & Gamble

Prodotto Daz Ultra è la nuova versione concentrata del famoso detersivo blu. Il Daz originale è da circa quarant'anni un prodotto leader nel mercato dei detersivi per la casa .

Cliente Procter & Gamble

BEFORE
PRIMA

Brief To create an evolutionary, rather than revolutionary, new pack design. Daz Ultra is targeted at both established Daz users and new customers so key elements built up by original brand – particularly the bold logo and the red, white and blue colours – had to be retained. At the same time the pack design had to be brought up to date for the 1990s and to reflect the newness of the ultra technology.

Brief Realizzare un nuovo packaging che vada nel senso di un'evoluzione e non di una rivoluzione. Daz Ultra ha come target sia i consumatori abituali di Daz che i nuovi clienti, perciò si devono conservare gli elementi chiave espressi dalla marca originale (soprattutto il logo ben evidenziato e i colori rosso, bianco e blu). Nello stesso tempo il design della confezione va adeguato agli anni, novanta e deve rispecchiare la novità della tecnologia 'ultra'.

Daz
ULTRA

DAZ
ULTRA

DAZ
ULTRA

DAZ
ULTRA
ULTRA WHITE AT A
PRICE THAT'S
RIGHT

DEVELOPMENTS
SVILUPPO

Solution The design approach was to consider and develop each of the different pack elements, injecting modernity through brighter, more fluorescent colours and simplifying the logo and surrounding flashes. The result is a design which, whilst much cleaner, clearer and more exciting, will still be very recognisable to traditional Daz customers.

Soluzione Il metodo adottato è stato quello di tener conto e di sviluppare ogni singolo elemento della confezione, di renderlo più moderno grazie a colori più vividi e fluorescenti, semplificando il logo e i lampi che lo circondano. Il risultato è un design che, se da un lato è molto più pulito, chiaro e stimolante, dall'altro resta riconoscibilissimo per i clienti tradizionali di Daz.

RESULT
RISULTATO

onathan Knowles

Johnnie Walker®

1978

Product Johnnie Walker Black Label and Red Label whisky, both long-established brands and sold worldwide.

Client Distillers

Brief To re-design the packaging in preparation for a worldwide relaunch. Greater product differentiation between the two brands was a key requirement.

Prodotto Whisky Johnnie Walker Etichetta Nera ed Etichetta Rossa, due marche da tempo affermate e vendute in tutto il mondo.

Cliente Le distillerie Johnnie Walker

Brief Ridisegnare il packaging in vista di un rilancio a livello mondiale. Una delle richieste fondamentali era una maggiore differenziazione tra le due marche.

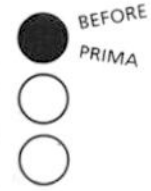

BY APPOINTMENT TO HER MAJESTY THE QUEEN
SCOTCH WHISKY DISTILLERS
JOHN WALKER AND SONS LIMITED
BLENDED SCOTCH WHISKY
Johnnie Walker
RED LABEL
JOHN WALKER & SONS LTD., KILMARNOCK, SCOTLAND
Old Scotch Whisky
BOTTLED IN SCOTLAND
100% SCOTCH WHISKIES
HIGHEST AWARDS
SAME QUALITY THROUGHOUT THE WORLD
BORN 1820– STILL GOING STRONG
John Walker & Sons Limited.
750ml

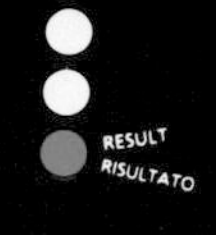
RESULT
RISULTATO

Solution Minale Tattersfield developed the graphics to express the brand names more strongly and brought back the famous Johnnie Walker striding man. The colours on both packs were reviewed, sharpening up the black and choosing a more sophisticated shade of red than before.

Presentation boxes, with elegant diagonal stripes to echo the long-established and unique Johnnie Walker label, were produced for the important gift market.

Soluzione Minale Tattersfield ha sviluppato la grafica in modo da esprimere con maggior forza i nomi delle marche e ha ripreso il famoso omino che passeggia Johnnie Walker. Si sono modificati i colori di entrambe le confezioni, scegliendo un tono di rosso più fine del precedente.

Si sono realizzate anche le scatole per l'importante mercato delle confezioni regalo, con eleganti righe in diagonale che riecheggiano la celebre e inimitabile etichetta Johnnie Walker.

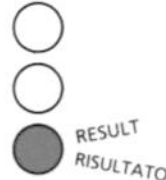

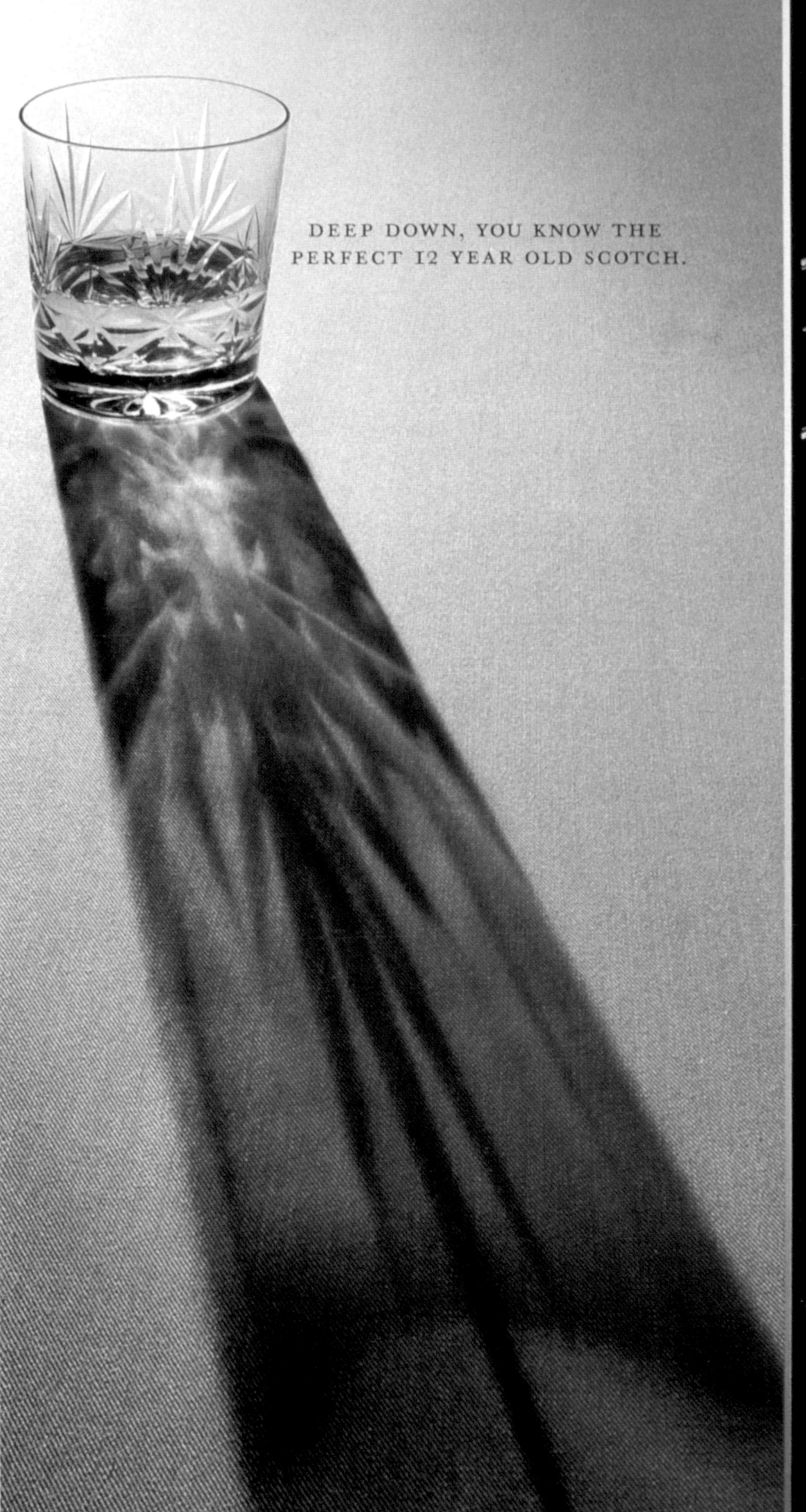

Johnnie Walker.
BLACK LABEL
Old Scotch Whisky

THE TASTE
GOES DEEPER

THE
JOHNNIE WALKER
CONNOISSEURS'
CLUB

1979

Client Johnnie Walker

Brief To develop an exclusive presentation pack to celebrate Johnnie Walker's 150th anniversary. The pack would contain a special whisky which had been blended and matured for this occasion.

Solution To reflect the prestige of the product Minale Tattersfield commissioned an elegant glass decanter with silver fittings made by Garrard the jewellers and a presentation box made of hand-crafted English oak. An elegant booklet explaining the background to Johnnie Walker was also produced to accompany the whisky.

Cliente Johnnie Walker

Brief Sviluppare una confezione regalo esclusiva per celebrare i 150 anni di Johnnie Walker. La confezione dovoeva contenere uno Whisky speciale, con un blend appositamente preparato e invecchiato per l'occasione.

Soluzione Per riflettere il prestigio del prodotto Minale Tattersfield ha fatto preparare per l'occasione una caraffa, con inserti in argento, realizzata dal gioielliere Garrard, e una scatola in rovere inglese lavorato a mano. Si è inoltre pubblicato un elegante libretto che illustrava la storia che sta dietro al Johnnie Walker, a corredo della confezione.

JOHNNIE WALKER
150
ANNIVERSARY
SCOTCH

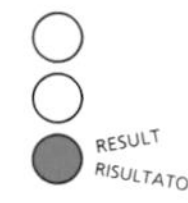
RESULT
RISULTATO

SCOTCH
JOHNNIE WALKER
150
ANNIVERSARY
YEARS

SURE

1971

Product Sure is one of the UK's leading anti-perspirant deodorant brands.

Client Elida Gibbs

Brief To rationalise and redesign the pack following market research which revealed that the most significant and memorable image relating to the brand was the 'tick' used in its advertising campaign.

Solution A strong brand identity using the 'tick' symbol as a major feature of the packaging was applied to the entire Sure range including roll-on and aerosol packs.

Prodotto Sure è una delle principali marche di antitraspirante e deodorante del Regno Unito.

Cliente Elida Gibbs

Brief Razionalizzare e ridisegnare la confezione, in seguito a una ricerca di mercato che ha indicato che l'immagine più significativa e che resta più impressa nella memoria, relativa alla marca, è quella del 'visto' utilizzato nella campagna pubblicitaria.

Soluzione Si conferisce una forte identità di marca grazie al simbolo del 'visto' che diventa la caratteristica principale sulle confezioni di tutta la linea Sure, dallo stick allo spray.

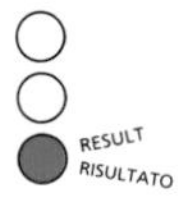

GILBEY'S

1978

Product Gilbey's Gin is a high quality and long-established brand, sold both in the home and export markets.

Client International Distillers and Vintners (IDV)

Prodotto Il Gin Gilbey's è una marca di qualità e da tempo affermata, presente sia sul mercato britannico che in quello dell'esportazione.

Cliente International Distillers and Vintners (IDV)

BEFORE
PRIMA

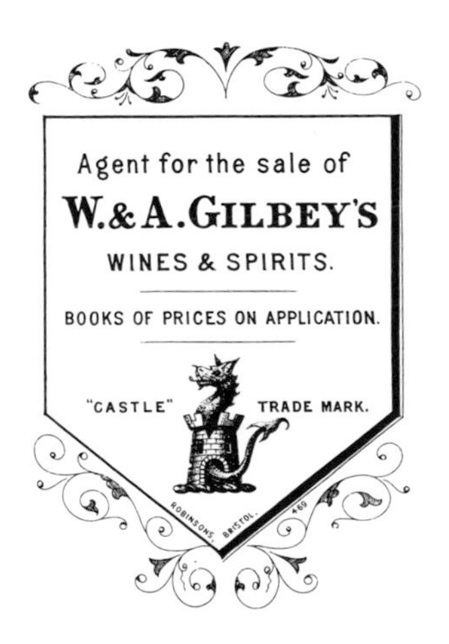

DEVELOPMENTS
SVILUPPO
GILBEY'S
London Dry
GIN

Brief To upgrade the packaging to match the product's quality and market positioning. In particular, to improve shelf-impact, better demonstrate the gin's purity and to convey the brand's heritage. Also to improve the bottle itself which, because it was made from frosted glass, showed up finger marks.

Brief Migliorare la qualità del packaging per adeguarla a quella del prodotto e alla sua posizione di mercato. In particolare, migliorarne l'impatto sul banco, rendere più evidente la purezza del gin e trasmettere gli aspetti di continuità della tradizione della marca. Inoltre, perfezionare la bottiglia stessa, che era in vetro smerigliato e rendeva visibili le ditate.

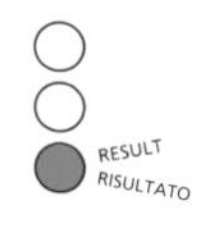

Solution Firstly a new, rectangular bottle made of clear glass was developed. This solved the finger print problem and allowed the purity of the product to be seen. It also provided a much larger label space. To emphasise Gilbey's heritage the graphics are very consciously British in their use of typography and colour and incorporate elements from Gilbey's past, such as the wyvern, chevron shape and signature.

The new design is echoed on the gift carton's removable plastic label and has also been applied to a wide range of promotional items.

Soluzione Prima di tutto si è realizzata una bottiglia nuova, di forma rettangolare e con vetro trasparente. Questo ha risolto il problema delle ditate e quello di rendere visibile la purezza del prodotto. Inoltre, con la nuova bottiglia l'etichetta ha uno spazio più ampio. Per sottolineare la tradizione Gilbey's, la grafica è volutamente britannica nell'impiego dei caratteri e dei colori e ha inserito elementi del passato di Gilbey's, come il dragone alato a due zampe, la forma a gallone militare dell'etichetta e la firma.

Il nuovo design trova un'eco anche nell'etichetta estraibile in plastica della confezione regalo, ed è anche stato applicato a un'ampia gamma di oggetti promozionali.

IMPORTED
FROM ENGLAND
GILBEY'S
London Dry
GIN

1988

Product Introduced over 50 years ago, Gibbs SR toothpaste is a product with well-established values.

Client Elida Gibbs

Brief To strengthen SR's on-shelf presence in the face of increasing own-brand competition. Traditional SR properties, such as the powerful red, white and blue livery, had to be retained and the design had to convey progressiveness, health, vitality and freshness.

Prodotto Introdotto da oltre cinquant'anni, il dentifricio Gibbs SR è un prodotto con valori oramai consolidati.

Cliente Elida Gibbs

Brief Rendere più forte la presenza di SR nei punti di vendita davanti alla crescente concorrenza fra le marche. Le qualità tradizionali di SR, come l'efficace livrea rosso-bianco-blu, andavano conservate e il design doveva trasmettere un senso di progresso, di benessere, di vitalità e di freschezza.

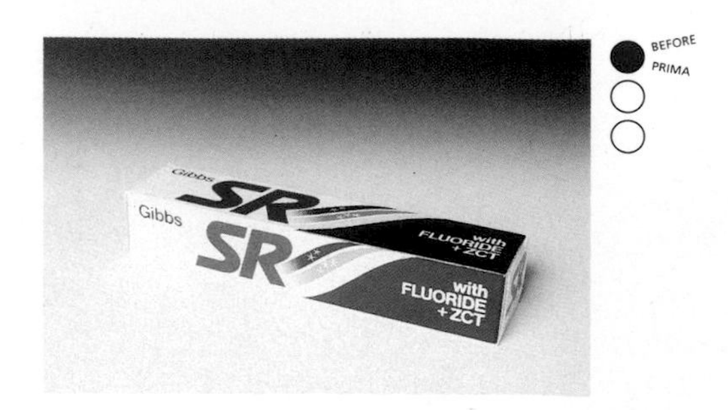

BEFORE
PRIMA

DEVELOPMENTS
SVILUPPO

THE GREAT
PROTECTOR
GIBBS
SR
WITH FLUORIDE
Fight plaque and decay.

Solution The new design drew on the imagery of mountains, ice and snow which, although not applied to packaging before, had been used by Gibbs SR in 1955 in the first ever TV advertisement and were being revived for a forthcoming campaign. The associations of strength, freshness and health inherent in this imagery is particularly appropriate for the brand. In addition, the mountain skyline is in marked contrast to the generally abstract nature of much toothpaste packaging, giving SR an unmistakable on-shelf identity.

Soluzione Il nuovo design richiama l'immagine di montagne, ghiaccio e neve che, anche se in precedenza non era utilizzata per la confezione, era stata impiegata da Gibbs nel 1955 per il suo primissimo spot televisivo e stava per essere ripresa in un'imminente campagna. L'associazione di idee di forza, freschezza e benessere insite in queste immagini è particolarmente adatta alla marca. Inoltre, il profilo delle montagne che si staglia contro il cielo è un disegno in deciso contrasto con la natura in genere astratta di molte confezioni di dentifrici e conferisce a SR un'inconfondibile identità on-shelf.

GIBBS
SR
WITH FLUORIDE, AND ZCT TO FIGHT PLAQUE
GIBBS
SR
WITH FLUORIDE+ZINC CITRATE (ZCT)

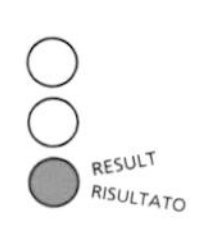
RESULT
RISULTATO

Tullamore Dew

1987

Product Tullamore Dew whiskey

Client Irish Distillers

Brief To redesign and upgrade the Tullamore Dew packaging, which had remained unchanged for many years, emphasising the brand's individuality and quality.

Prodotto Whisky Tullamore Dew

Cliente Irish Distillers

Brief Ridisegnare e valorizzare il packaging del Tullamore Dew, immutato da molti anni, evidenziando l'individualità e la qualità della marca.

BEFORE
PRIMA

DEVELOPMENTS
SVILUPPO
BOTTOM SECTION
242.6 ±1.6 INCLUDING STIPPLING
Tullamore Dew
TULLAMORE DEW
Finest OLD IRISH WHISKY 1791
IMPORTED
PRODUCT OF DUBLIN IRELAND
Specially Light

Solution Tullamore Dew's heritage was employed to establish a stronger brand identity, this included redrawing and foil-blocking the Tullamore Irish wolfhounds, which had been hardly noticeable before, and giving greater prominence to the words 'The legendary light Irish whiskey' and the traditional exhortation by D W Williams, former proprietor of the Tullamore Dew Distillery, to 'Give every man his Dew'.

While the essential character of the bottle itself was retained it was made taller and slimmer to give a stronger on-shelf image of value for money.

Soluzione La tradizione del Tullamore Dew è servita a stabilire un'identità di marca più decisa, si sono ridisegnati ed evidenziati meglio i cani Tullamore Irish, la cui immagine era in precedenza poco visibile, e si è data più importanza alla scritta 'The legend ary light Irish whiskey' e al tradizionale invito di D.W. Williams, l'antico proprietario delle distillerie Tullamore Dew: 'Give every man his Dew' (Date a ciascuno il suo Dew).

Pur conservando le caratteristiche essenziali, la bottiglia è stata resa più alta e più sottile, per valorizzarne l'immagine sul banco.

Give every man his Dew

Johnson & Johnson

1972

Product Johnson's baby powder, one of the most famous babycare brands (also popular with grown-ups).

Client Johnson & Johnson

Brief To develop the existing square tin container whilst retaining key elements of the well-known identity.

Solution Pioneering use of soft, matt-coated plastic for the pack itself, providing 'squeezability', and a new 'waisted' shape for easier handling. As well as their functional advantages, the new material and shape achieved a distinctive on-shelf presence.

Prodotto Il talco Baby Johnson è una delle più note marche di prodotti per l'igiene infantile (ma è anche molto usato dagli adulti)

Cliente Johnson & Johnson

Brief Sviluppare l'attuale contenitore rettangolare in metallo, pur conservando gli elementi chiave della ben nota identità della marca.

Soluzione Impiego pioneristico di una plastica morbida e con un rivestimento opaco per la confezione, che diventa così 'comprimibile', e una nuova forma con un restringimento nel mezzo per renderla più maneggevole. Oltre ai vantaggi che offrono alla funzionalità il nuovo materiale e la nuova forma la rendono chiaramente distinguibile sul banco.

BEFORE
PRIMA

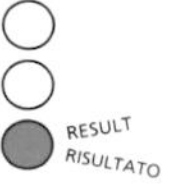

RESULT
RISULTATO

CROFT

1991

Product Although the Croft brand is more traditionally associated with sherry, Croft port has been shipped to the UK for over 300 years.

Client International Distillers and Vintners (IDV)

Brief In an initiative to launch Croft port onto the market more competitively – in the face of better known and more heavily promoted rivals – Minale Tattersfield were commissioned to re-design the top five brands in the Croft fine ports range.

Solution A complete rationalisation of the various bottle shapes and graphics created a much stronger, more uniform look for the overall Croft port brand whilst at the same time giving each brand its own distinctive look.

Prodotto Anche se Croft è una marca tradizionalmente associata allo sherry, il porto Croft viene importato nel Regno Unito da oltre trecento anni.

Cliente International Distillers and Vintners (IDV)

Brief Nell'ambito di un'iniziativa tesa a lanciare in modo più competitivo il porto Croft sul mercato (di fronte a prodotti concorrenti meglio conosciuti e propagandati con maggior forza) Minale Tattersfield ha avuto l'incarico di ridisegnare le cinque marche più pregiate della gamma di vini di Porto Croft.

Soluzione Si è operata una razionalizzazione completa delle varie forme delle bottiglie per creare un look più forte e più omogeneo per tutta la gamma di vini di Porto Croft, pur conferendo a ciascuna marca un suo look specifico.

CROFT
TRIPLE CROWN
Fine Ruby

Elements common to each brand include the traditional tall dark bottle (which research had shown was an important part of port's distinction as a drink), traditional seals running down the centre of the labels and a stylised vertical brush mark – representing the mark traditionally painted onto bottles of vintage port to ensure they are laid down correctly.

The five brands are distinguished from each other by their names and the colour of their labels and brush marks. Triple Crown is the standard brand and has a grey brush mark while Ruby and Tawny have red ones on deep red and deep brown labels respectively – to reflect the colour of the drinks. Croft Distinction has a gold brush mark to reflect its premium status while the most exclusive Croft port, Late Bottle Vintage, has a white brush mark and medallion to resemble most closely the white brush mark painted on only the best vintages.

Fra gli elementi comuni all'intera gamma c'erano la bottiglia tradizionale, alta e scura (che una ricerca ha indicato come un aspetto importante che aiuta a distinguere il porto dalle altre bevande), gli altrettanto tradizionali sigilli che scendevano lungo il centro delle etichette e una pennellata verticale stilizzata, che rappresenta il segno che veniva fatto tradizionalmente sulle bottiglie di porto d'annata, per garantire che fossero messe a invecchiare correttamente.

Le cinque marche si distinguono l'una dall'altra grazie alla denominazione, al colore dell'etichetta e a quello della pennellata. Triple Crown è la marca standard e ha una pennellata grigia, mentre Ruby e Tawny le hanno rosse, rispettivamente su un'etichetta rosso scuro e su una marrone scuro, che richiamano il colore dei vari tipi di porto.

Croft Distinction ha una pennellata d'oro, per indicare il suo livello elevato, mentre il porto Croft più esclusivo, il Late Bottle Vintage, ha una pennellata bianca e un medaglione, per assimilarla alle bottiglie delle migliori annate, le sole che venivano contrassegnate con questo colore.

RESULT
RISULTATO

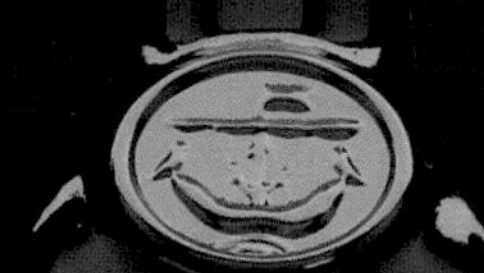

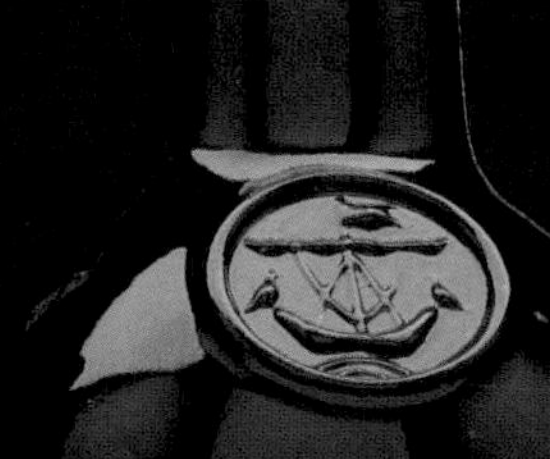

1987

Product Jameson Irish whiskey, renowned throughout the world.

Client Irish Distillers

Brief To upgrade the brand's image in order to bring it into line with its market positioning. This initiative followed a study, commissioned by Irish Distillers, which revealed that consumers did not see Jameson as a high quality product even though it was positioned in the premium sector of the whiskey market.

Solution The upgrading included re-drawing the logo, enhancing the typography and introducing gold foil. New front and back labels were developed and the bottle shape was re-designed to provide a better area for labelling and improve in-plant production efficiency at the distillery.

Prodotto Whisky irlandese Jameson, una marca famosa in tutto il mondo.

Cliente Irish Distillers

Brief Migliorare l'immagine della marca in modo da portarla al livello della sua posizione di mercato. Quest'iniziativa faceva seguito a un'indagine commissionata da Irish Distillers, la quale rivelava che i consumatori non consideravano il whisky Jameson un prodotto di qualità, anche se si posizionava nel settore preferenziale del mercato degli whisky.

Soluzione Il logo è stato ridisegnato, i caratteri tipografici sono stati rinforzati e si è aggiunta una lamina d'oro per elevare la qualità del packaging. Si sono realizzate una nuova etichetta anteriore e una nuova posteriore, con l'intento di migliorare lo spazio per l'etichettatura e di rendere più efficiente la produzione presso gli impianti della distilleria.

John Jameson

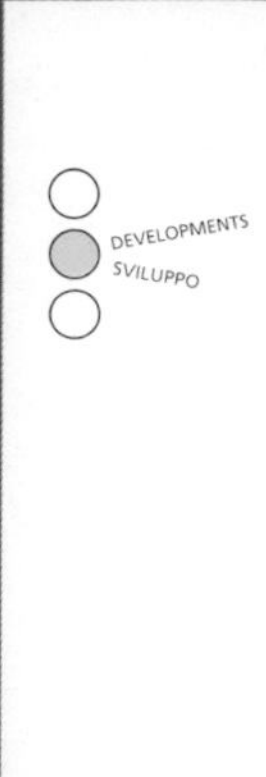

Jameson, now why didn't I think of that?
JAMESON The Spirit of Ireland

JAMESON
SUPERIOR
IRISH
WHISKEY
DUBLIN

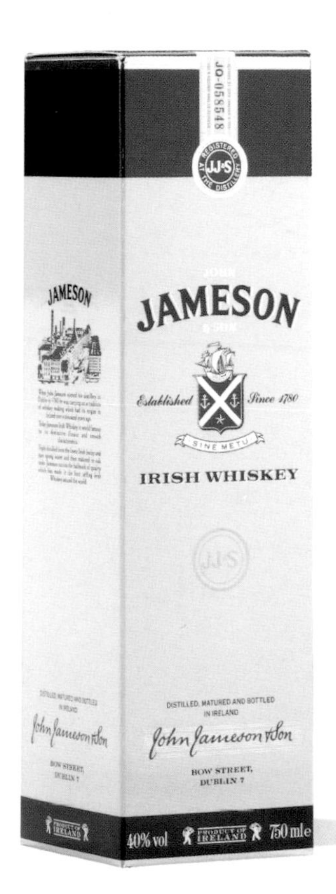
JQ-058548
REGISTERED AT THE DISTILLERY
JJ&S
JAMESON
JAMESON
Established Since 1780
SINE METU
IRISH WHISKEY
DISTILLED, MATURED AND BOTTLED IN IRELAND
John Jameson & Son
BOW STREET, DUBLIN 7
40% vol
PRODUCT OF IRELAND
750 ml e

Jameson
BLENDED BY JOHN JAMESON & SON
JQ-058548
DISTILLED BY JOHN JAMESON & SON
REGISTERED AT THE DISTILLERY
JJ&S
JOHN JAMESON & SON
Established Since 1780
SINE METU
IRISH WHISKEY
DISTILLED, MATURED AND BOTTLED
IN IRELAND BY
John Jameson & Son
BOW STREET,
DUBLIN 7
40% vol
PRODUCT OF IRELAND
750 ml e

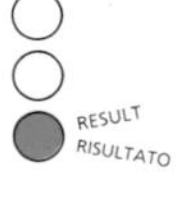
RESULT
RISULTATO

Pack design is a fundamental part of creating a brand. It must express the essential nature of the product and give it a unique image.

Il design di un packaging ha un aspetto fondamentale nella creazione di una marca. Deve espirmere la natura essenziale del prodotto e dargli un'immagine di unicitá.

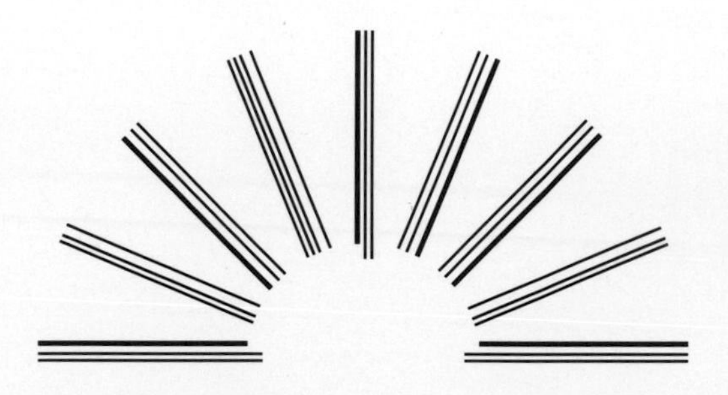

Chapter 2: Packaging a new product

1987

GIORGIO ARMANI

Product Armani swimwear and underwear range, comprising over 100 items.

Client Giorgio Armani

Brief To design the pack and graphics, plus an accompanying point of sale unit, in keeping with the sophistication and high fashion image associated with Armani. The underwear items, which are for men and women, are sold in five different box sizes.

Prodotto Costumi da bagno e intimi Armani, con una gamma di oltre 100 articoli.

Cliente Giorgio Armani

Brief Progettare la confezione e la grafica, oltre a un punto di vendita, in modo che siano al livello dell'immagine di raffinatezza e di haute couture che il nome di Armani richiama. Gli intimi, che sono per uomo e per donna, si vendono in confezioni di cinque formati diversi.

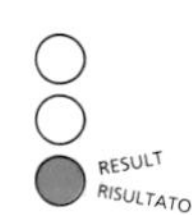

GIORGIO ARMANI

SWIMWEAR

ARTICOLO

Solution The graphic approach is restrained and elegant. The underwear range allows for two colourways – for men's and women's products. The physical form of the packs is in two parts which slide together and are cut so that when closed the container reveals a window in the shape of an 'A'. This 'window' also allows the colour of the product to show. The underwear packs are made of card, the swimwear pack of water resistant, high impact polystyrene - which also doubles up a handy container for wet swimwear.

Soluzione L'approccio grafico è misurato ed elegante. Gli intimi hanno due diverse colorazioni per la linea maschile e per quella femminile. La struttura fisica delle confezioni è in due parti che scorrono insieme e hanno un taglio, in modo tale che quando è chiuso il contenitore rivela una finestra a forma di 'A'. Questa 'finestra' lascia anche vedere il colore dell'indumento. Le confezioni per gli intimi sono di cartone, quelle dei costumi da bagno di polistirolo resistente all'acqua e all'urto, cosa che le rende anche un comodo contenitore per il costume bagnato.

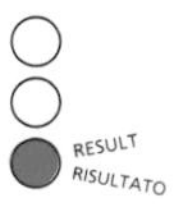

GIORGIO ARMANI
UNDERWEAR
GIORGIO ARMANI
UNDERWEAR
GIORGIO ARMANI
UNDERWEAR

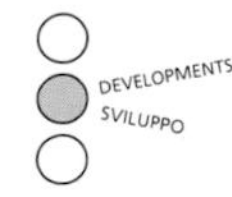

1986

Product Hundhaar, a full-strength clear spirit schnapps.

Client Irish Distillers

Brief To create a brand image for this new product which would attract young, more affluent drinkers' attention.

Prodotto Hundhaar, uno schnapps chiaro molto forte

Cliente Irish Distillers

Brief Creare un'immagine di marca per questo nuovo prodotto che attiri l'attenzione di clienti più giovani e più benestanti.

DAEFGR
HNUSDSO
NU&EFG

Solution To create the correct brand image, Minale Tattersfield firstly devised a suitable name – 'Hundhaar' (which is German for 'hair of the dog'). This tied in with the market trend for premium German lagers as schnapps is often served as a chaser to beer in Germany.

The label design incorporated this idea even further by using a hand drawn Germanic typeface with a wood block style illustration of a German 'Hund'.

Result Irish Distillers launched Hundhaar with a promotional package to position the product, consisting of posters, leaflets, glasses, beer mats and a special counter-top chiller to ensure that the product was available at the right temperature for perfect drinking.

Soluzione Per creare l'immagine di marca giusta, Minale Tattersfield hanno prima inventato un nome adatto: 'Hundhaar' (che in tedesco vuol dire 'pelo di cane', mentre in inglese 'hair of the dog' si chiama il bicchierino che fa passare la sbronza). Questo va nel senso della tendenza di mercato che favorisce le birre chiare tedesche, perché in Germania gli schnapps sono spesso serviti accanto alla birra. Il risultato del design sull'etichetta ribadisce ancor di più quest'idea, utilizzando caratteri germanici fatti a mano con un'immagine xilografica di un pastore tedesco.

Risultato Irish distillers lanciò Hundhaar con un'operazione promozionale per posizionare il prodotto, che comprendeva manifesti, dépliant, bicchieri, sottobicchieri per la birra, e uno speciale refrigeratore in sottopiano per garantire che il prodotto fosse sempre pronto alla temperatura perfetta per gustarlo bene.

RESULT
RISULTATO

HUND

HAAR

1990

Product Panorama Print wallet

Client Fuji Film (UK)

Brief The design brief called for a unique piece of paper engineering with adaptable graphics to house Fuji's new shape panoramic prints.

Prodotto Porta foto Panorama Print

Cliente Fuji Photo Film (UK)

Brief Il brief richiedeva la realizzazione di una struttura in carta dalle caratteristiche eccezionali, con una grafica adattabile, destinata a contenere le stampe Fuji di nuova forma.

Solution As well as containing and protecting the prints the new wallet could also be converted into a photo frame.

Bold branding and illustration allowed for seasonal or special promotions to be incorporated onto the pack.

Soluzione Oltre a contenere e a proteggere le stampe fotografiche, il nuovo portafoto si poteva anche trasformare in una cornice per fotografie. Una marca e un'illustrazione vistose permettevano di inserire nel packaging anche le promozioni speciali o stagionali.

RUSSO

1976

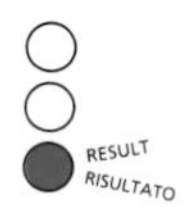

CHIAN

Product An aromatic mixer for Vodka

Client Schweppes

Brief To develop a name and design for the drink, a completely new product.

Solution The name 'Russchian' was conceived by Minale Tattersfield. It makes the connection with Vodka, the recommended partner for the drink and carries the 'Sch' of Schweppes. It also links with the famous advertising line 'Sch, you know who'.

Prodotto Una bibita aromatica da mescolare alla Vodka

Cliente Schweppes

Brief Creare un nome e un design per questa bibita, un prodotto nuovo.

Soluzione Minale Tattersfield hanno inventato il nome 'Russchian', che lo collega all Vodka, il liquore al quale si consiglia di accompagnare la bibita, e conserva il suo 'Sch' di Schweppes. C'è anche un legame con il celebre slogan 'Sch, you know who'

1990

Product Football

Client Sammontana

Brief A new lolly and wrapper for the Italian market, to be launched in conjunction with the world cup in 1990.

Solution The lolly, made of chocolate and vanilla, is circular and adopts the football pattern. The idea behind the graphics on the packaging is based on the classic comic strip style of the evergreen 'Roy of the Rovers'.

Result An away win. The product was such a great success that Sammontana decided to continue it in subsequent years, but removed the 90.

Prodotto Football

Cliente Sammontana

Brief Un nuovo gelato da passeggio ricoperto, introdotto sul mercato italiano in occasione dei campionati del mondo di calcio del 1990.

Soluzione Il lecca-lecca, fatto di cioccolato e vaniglia, ha una forma sferica che richiama quella del pallone da football. L'idea sottesa alla grafica del packaging si basa sui fumetti classici nello stile dell'intramontabile 'Roy of the Rovers'.

Risultato Una vincita fuori casa. Il gelato ha avuto un tale successo che Sammontana ha deciso di continuarne la produzione gli anni successivi, ma eliminando il 90.

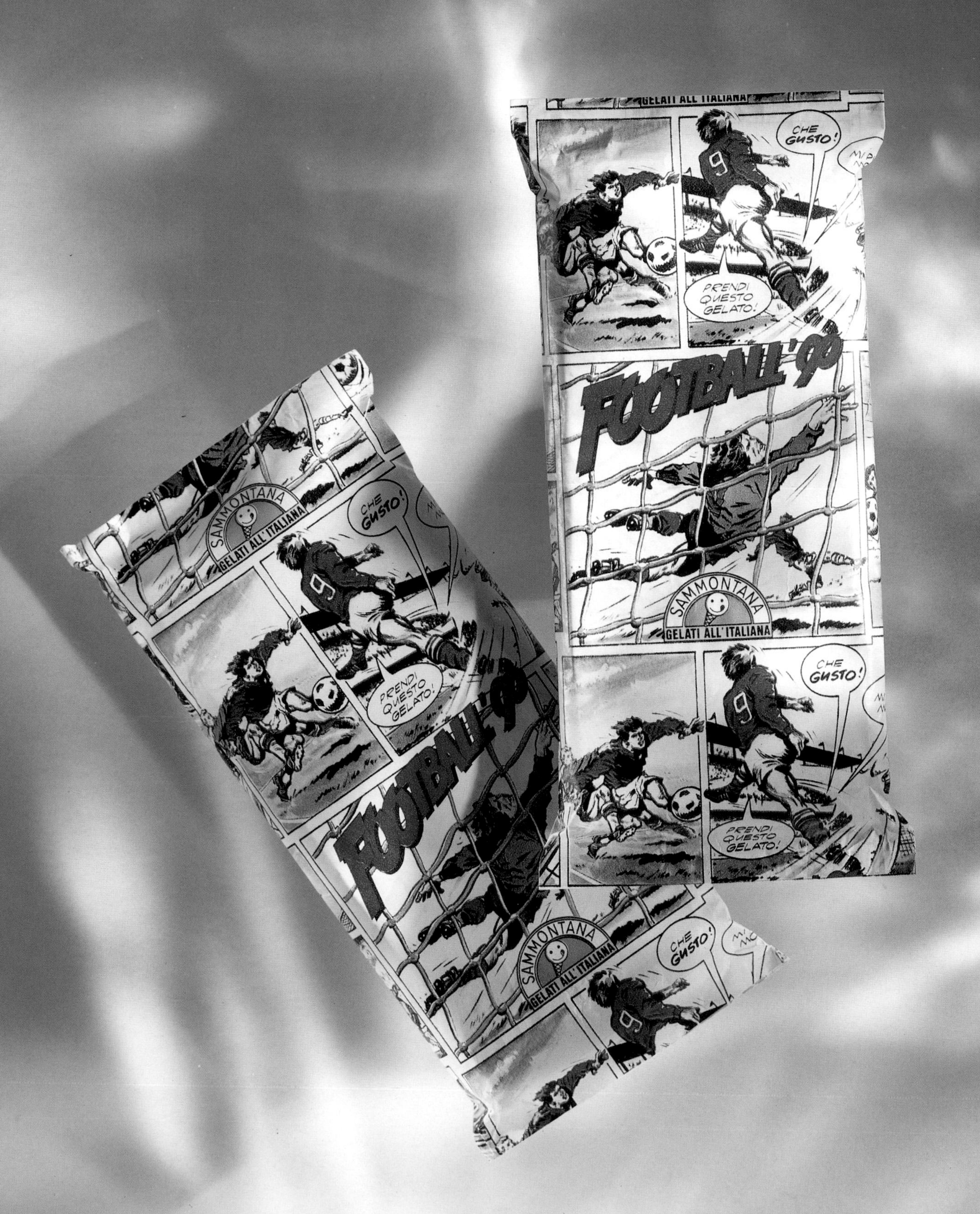

RESULT
RISULTATO

1989

Product Mirage fruit drink range

Client San Pellegrino

Brief To create a pack for this new range of fruit juices to appeal to the increasing numbers of health-conscious consumers by emphasising the fact that they contain no additives.

Prodotto Succhi di frutta Mirage

Cliente San Pellegrino

Brief Creare un packaging per questa nuova linea di succhi di frutta che si indirizza a quel settore in crescita di consumatori attenti alla salute, evidenziando il fatto che non contengono additivi.

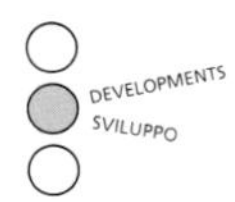

mirage
SUCCO DI FRUTTA NATURALE
100%
PURO SUCCO
arancia
SENZA ZUCCHERO
SANPELLEGRINO

SUCCO DI
FRUTTA NATURALE
MIRAGE
100%
PURO SUCCO
DI ARANCIA
SENZA ZUCCHERO

Solution The fruits of the four different drinks (orange, grapefruit, pineapple and tropical) were used to create a '100%' image, so making a very clear visual statement of the drinks' content.

Soluzione I frutti delle quattro diverse bibite (arancia, pompelmo, ananas e tropical) sono utilizzati per creare un'immagine al 100%, e trasmettono così un chiarissimo messaggio visuale sul contenuto della bibita.

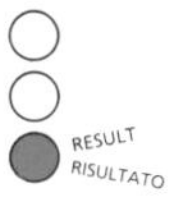

NON ZUCCHERATO
mirage®
100%
PURO SUCCO DI
POMPELMO
SANPELLEGRINO

NON ZUCCHERATO
mirage®
100%
PURO SUCCO DI
ARANCIA
SANPELLEGRINO

NON ZUCCHERATO
mirage®
100%
PURO SUCCO DI
ANANAS
SANPELLEGRINO

1

S.PELLEGRINO

1989

Product Nebula

Client San Pellegrino

Brief To design the packaging for San Pellegrino's new product, Nebula – a fine water spray for the face.

Solution The design used key traditional elements from the original San Pellegrino mineral water label to give the product a strong brand image against competitors such as Evian.

Prodotto Nebula

Cliente San Pellegrino

Brief Progettare il packaging per un nuovo prodotto San Pellegrino, uno spray di acqua pura per il viso.

Soluzione Il design sfruttava gli elementi tradizionali e caratteristici dell'etichetta dell'acqua minerale San Pellegrino, per dare al prodotto un'immagine forte di marca davanti a concorrenti come Evian.

RESULT
RISULTATO

1993

Product Crown Jewel

Client James Burrough

Brief To design the packaging for a super premium gin – an addition to the Beefeater brand range.

The new pack had to project a contemporary, dynamic and refined image that had a strong shelf impact.

It was aimed at the top quadrant of the premium white spirit market, targeting premium vodka drinkers as well as premium gin drinkers.

Prodotto Crown Jewel

Cliente James Burrough

Brief Disegnare il packaging per un gin ultrapregiato, un'aggiunta alla gamma dei gin Beefeater.

La nuova confezione doveva trasmettere un'immagine moderna, dinamica e raffinata che la facesse risaltare bene sullo scaffale.

Era destinato al settore più elevato del mercato di qualità dei superalcolici, avendo come target i consumatori di vodka, oltre a quelli dei gin pregiati.

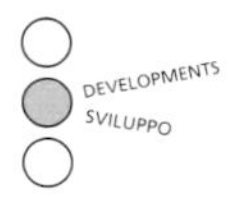

BEEFEATER
CRYSTAL
PREMIUM STRENGTH
London Distilled
DRY GIN
750 ml e
47% vol
BEEFEATER

IMPORTED
DISTILLED FROM 100% GRAIN SPIRITS
DISTILLERS OF FINE GIN SINCE 1820
BEEFEATER
LONDON 1873
1911 · 1924
RavenMaster
PREMIUM STRENGTH
London Distilled
DRY GIN
DISTILLED AND BOTTLED BY
JAMES BURROUGH LONDON ENGLAND
BEEFEATER

DEVELOPMENTS
SVILUPPO

Solution The solution took two routes;

One was more cost-effective, utilising Beefeater's existing bottle shape and retaining a strong tie to the heritage associated with the Beefeater and the Tower of London through names such as Raven Master. It also endorsed the pack with the image of a Beefeater.

The second solution by Minale Tattersfield called for a completely new bottle shape.

Two variations proved to be very popular with the client. One a smooth, modern bottle that resembled a Swedish decanter. Coupled with the brand name 'Crystal' it certainly fulfilled the brief as a contemporary stylish bottle that resembled a jewel.

Soluzione La soluzione prevedeva due possibilità.

Una era più attenta ai costi, perché utilizzava la stessa bottiglia del Beefeater e manteneva un forte legame di continuità con Beefeater e la Torre di Londra, sia grazie a un nome come Raven Master, sia valorizzando la confezione con l'immagine del Guardiano della Torre.

La seconda soluzione prevedeva che Minale Tattersfield progettassero una bottiglia di forma completamente nuova.

Due alternative si dimostrarono molto bene accolte da parte del cliente. Una era una bottiglia liscia e moderna che assomigliava a una caraffa svedese. Insieme al nome 'Crystal', realizzava senza dubbio il brief, essendo una bottiglia in stile moderno che richiamava l'immagine di un gioiello.

IMPORTED
DISTILLED FROM 100% GRAIN SPIRITS
DISTILLERS OF FINE GIN SINCE 1820
BEEFEATER
RavenMaster
PREMIUM STRENGTH
London Distilled
DRY GIN
750 ml e
47% vol
DISTILLED AND BOTTLED BY
JAMES BURROUGH LONDON ENGLAND

Blue
Man
Red
Red Jewel
Red.
CROWN JEWEL
Silver dropped shadow
Grey with hint of Blue line
Acetates without silver dropped shadow.
IMPORTED
DRY GIN
BEEFEATER

IMPORTED
BEEFEATER
CRYSTAL
PREMIUM STRENGTH
London Distilled
DRY GIN
750 ml e
47% vol
DISTILLED AND BOTTLED BY
JAMES BURROUGH LONDON ENGLAND
BEEFEATER

The final shape, preferred in market research, was taller and wider with a larger frontage and therefore a stronger shelf presence.

The name 'Crown Jewel', along with a sandblasted Beefeater, retained the link with the existing Beefeater Gin, whilst appearing to be a separate and superior brand.

La forma definitiva, scelta in base a un'indagine di mercato, era più alta e più larga, con uno spazio anteriore più ampio e quindi assicurava una più forte presenza sullo scaffale.

Il nome 'Crown Jewel' insieme all'immagine a smeriglio del Guardiano della Torre, manteneva il legame con il Gin Beefeater, pur distinguendolo come prodotto di qualità superiore.

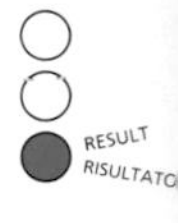

IMPORTED

BEEFEATER
LONDON 1873
1911 • 1924
CROWN
JEWEL
PREMIUM STRENGTH
London Distilled
DRY GIN

750 ml e
47% vol
DISTILLED AND BOTTLED BY
JAMES BURROUGH LONDON ENGLAND
BEEFEATER

1988

Product One-O-One cola drink

Client San Pellegrino

Brief To create a brand image that would truly challenge Coca-Cola's 85% share of the Italian cola market.

Solution The new pack design evokes the traditional American look through bold use of the colours red, white and blue. The graphics are very strong and distinctive and read well either upright on a shelf or lying down in a chilled cabinet.

Prodotto Bibita One-O-One

Cliente San Pellegrino

Brief Creare un'immagine di marca che regga davvero il confronto con la Coca Cola, che detiene l'85% della quota del mercato italiano delle bevande di questo tipo.

Soluzione Il nuovo packaging evoca il tradizionale look americano grazie all'impiego di vistosi colori rosso bianco e blu. La grafica è molto forte, caratteristica e ben leggibile sia verticalmente quando la lattina è sullo scaffale che orizzontalmente quando è dentro il distributore di bibite ghiacciate.

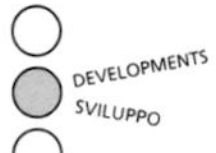

RESULT
RISULTATO

one

C O

o

L A

one

one

C O

o

L A

one

one-o-one

Kodak STAR

1994

Product Star Camera Range

Client Eastman Kodak Company

Brief A lively, up-beat range of pan-European packaging was needed for Eastman Kodak's range of Star cameras.

Solution In a move away from standard camera packaging, which uses plastic to display the camera, a unique pack was developed with an attractive reusable inner box and a disposable outer sleeve. Suggestions for using the box – storing photographs, keeping collections and so on – were made on the outer sleeve, along with all technical information and branding.

Prodotto Macchine fotografiche serie Star

Cliente Eastman Kodak Company

Brief Per le macchine fotografiche della serie Star della Kodak serviva una linea di packaging allegra e vivace valida per tutta l'Europa.

Soluzione Discostandosi dalle normali confezioni delle macchine fotografiche, che impiegano la plastica, abbiamo realizzato un contentitore originale con una attraente scatola interna riutilizzabile e una guaina esterna a perdere. Sulla guaina esterna sono presentati, oltre alle informazioni tecniche e commerciali, alcuni suggerimenti su come riutilizzare la scatola, per esempio per conservare le fotografie, tenere collezioni e così via.

BEFORE
PRIMA

DEVELOPMENTS
SVILUPPO

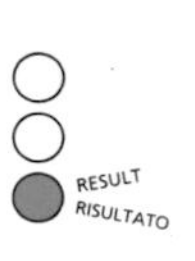
RESULT
RISULTATO

Kodak
STAR
275
Kodak
STAR
575
35mm CAMERA
Kodak
STAR
875
35mm CAMERA

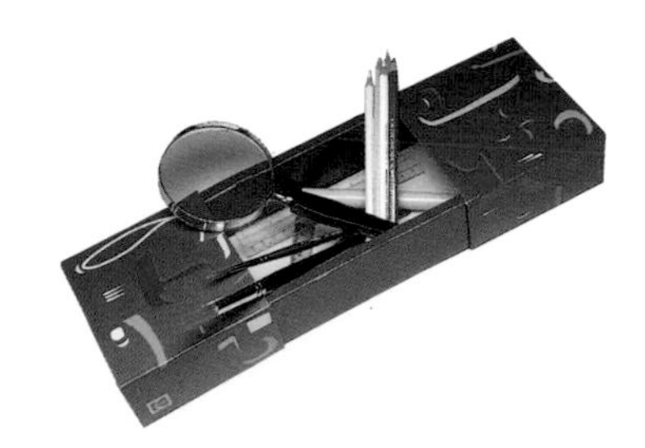

Kodak
STAR
575
35mm CAMERA
STAR
575
35mm CAMERA
Kodak
STAR
575
200
Kodak

Kodak

CAMEO

1994

Product Cameo Camera Range

Client Eastman Kodak Company

Brief Cameo is a new range of compact cameras. The target audience is predominantly female and the gift market is an important factor. An elegant, sophisticated look was needed to give the cameras added value. Again, environmental issues were a key consideration.

Prodotto Macchine fotografiche serie Cameo

Cliente Eastman Kodak Company

Brief Cameo è una nuova serie di macchine fotografiche compatte. Il suo target è prevalentemente femminile e il mercato degli articoli da regalo ne rappresenta un aspetto importante. Occorreva un look elegante, raffinato, che valorizzasse la macchina. Come per le macchine Kodak della serie Star, un altro aspetto fondamentale da tenere in considerazione era quello ecologico.

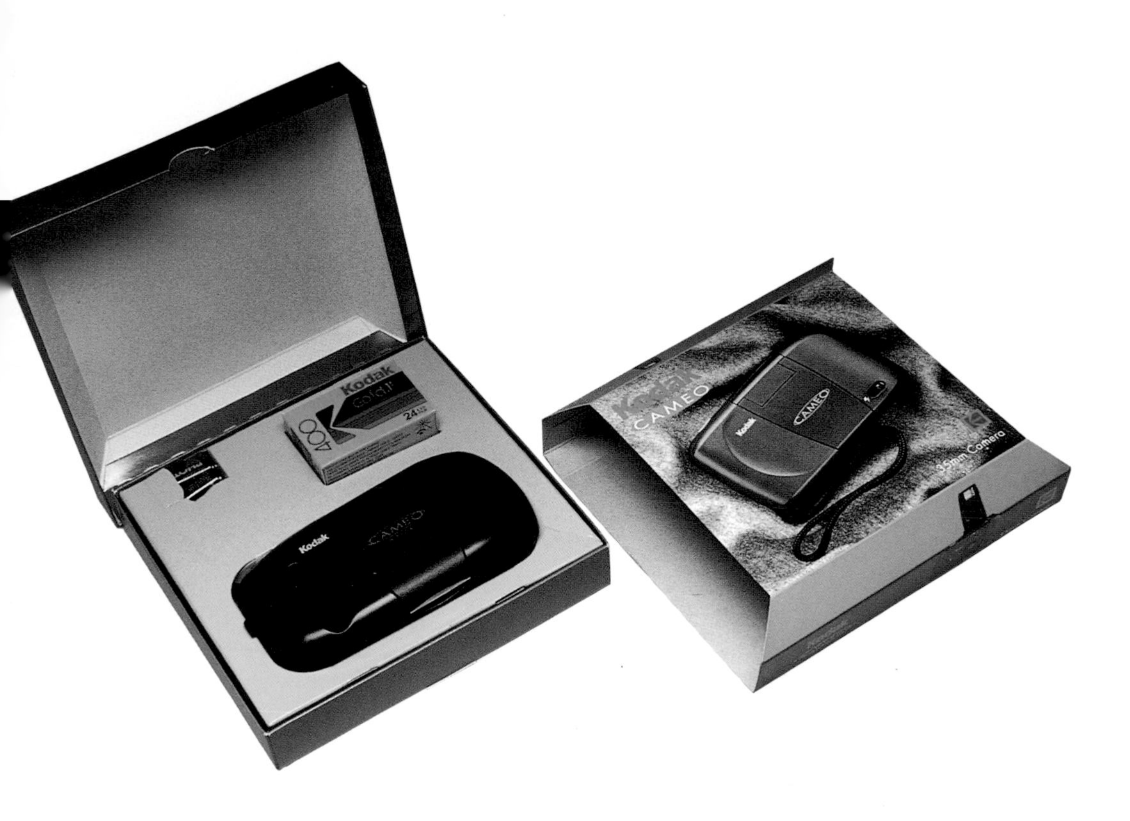

RESULT
RISULTATO

Solution The design for Cameo cameras carries through the concept of reusable inner boxes as an added value feature of the packaging. The box shape echoes a jewellery case, using soft, subtle colours. The outer sleeve shows the camera on a background of flowing grey cloth, which emphasises its smooth lines.

Soluzione Il design delle macchine Cameo realizza il concetto di una scatola interna riutilizzabile come caratteristica che valorizza la confezione. La forma della scatola richiama quella di un portagioielli, con colori morbidi e tenui. La guaina esterna presenta un'immagine della macchina su uno sfondo di stoffa grigia drappeggiata, che mette in evidenza le sue linee arrotondate.

Kodak
CAMEO

1985

Product Oransoda

Client Fonti Levissima

Brief Fonti Levissima's brief called for a design for Oransoda that characterised all the fun and taste sensation of a fizzy drink aimed at children aged between six and sixteen years.

Solution The new design drew upon the image of a fizzing orange which expressed the effervescence and life related to this carbonated drink.

Prodotto Oransoda

Cliente Fonte Levissima

Brief Le indicazioni del cliente richiedevano un design per Oransoda che caratterizzasse tutta l'allegria e la sensazione di gusto di una bibita frizzante destinata ai ragazzi tra i sei e i sedici anni.

Soluzione Il nuovo design prendeva l'immagine di un'arancia frizzante, che esprimeva l'effervescenza e la vivacità collegate a questa bibita gasata.

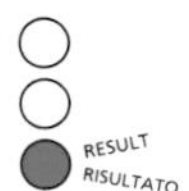

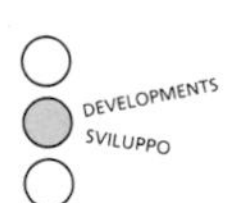

A·R·A·N·C·I·A·T·A
ORANSODA
BIBITA ANALCOLICA AL SUCCO DI ARANCIA
33cl
DA CONSUMARSI PREFERIBILMENTE ENTRO LA DATA INDICATA SUL FONDO

A·R·A·N·C·I·A·T·A
ORANSODA
BIBITA ANALCOLICA AL SUCCO DI ARANCIA
50cl
DA CONSUMARSI PREFERIBILMENTE ENTRO LA DATA INDICATA SUL FONDO

FONTI LEVISSIMA S.p.A.
A·R·A·N·C·I·A·T·A
ORANSODA
BIBITA ANALCOLICA AL SUCCO DI ARANCIA
1 LITRO
DA CONSUMARSI PREFERIBILMENTE ENTRO GIUGNO 1985
SEMPRE ALLEGRO - IL VETRO E' SEMPRE

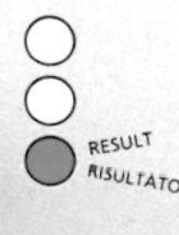
RESULT
RISULTATO

1994

Product Botanic Garden branded pot plants

Client Botanic Garden Company

Brief To create an overall visual image that demonstrated and reinforced the core values of the Botanic Garden Company across a wide range of retail/ horticulture/conservation products. The brief called for a complete evaluation of the Botanic Garden Company's range of packaging, complex cutter guides and visual identity.

Prodotto Piante da vaso marca Botanic Garden

Cliente Botanic Garden Company

Brief Creare un'immagine visuale complessiva che evidenzi e valorizzi le qualità principali della Botanic Garden Company su tutta una vasta gamma di prodotti al dettaglio per l'orticultura e la conservazione. Il brief richiedeva una valutazione completa di tutte le confezioni del cliente, con complesse linee di taglio, e dell'identità visuale.

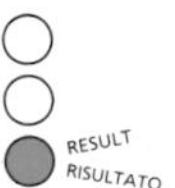

Solution A unique logo was devised which creates a landscape that combines the environment (land, air, light and water) with a stylised plant. Key elements from this logo were then incorporated into the design of the plant wrappers.

Each wrapper carries details of the plant's natural habitat, and history as well as special care instructions. The label can also be reversed to make a decorative skirting which disguises the dull flower pot when it is eventually displayed at home.

The wrappers are easily adapted for different plants or special promotions/ occasions.

Soluzione Si è realizzato un logo caratteristico che crea un panorama che coniuga l'ambiente (terra, aria, luce e acqua) a una pianta stilizzata. Gli elementi chiave del logo sono stati inseriti nel design delle confezioni delle piante.

Ogni confezione d'imballo reca i dati sull'habitat naturale della pianta, la sua storia e le istruzioni specifiche per curarla. Si può inoltre rovesciarla e forma così una fascia decorativa che nasconde il vaso, una volta che la pianta è sistemata all'interno di una abitazione.

Le confezioni si adattano facilmente alle diverse piante o alle varie promozioni/ situazioni.

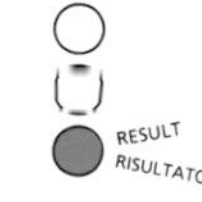

FRETTE

1994

Product Frette Home Collection

Client Frette

Brief To develop a new brand identity for this leading Italian manufacturer of household linen.

Solution Frette operates at two levels: exclusive household linen of the highest quality and often bespoke, for the traditional Italian 'matrimonial' market, and a more mass-market, but still relatively superior, printed range. The brand would be seen both in Frette's own shops and in department stores where its mass market range is also sold. Minale Tattersfield needed to find a brand that would suit both ranges and reflect the nature of the company's business. The proposed solution evokes the weave of material, which is a fundamental part of the business, and also a traditional, exclusive feel which is appropriate for Frette's markets.

Prodotto Frette Home Collection

Cliente Frette

Brief Sviluppare una identita` di marca per questa importante azienda italiana produttrice di tessuti per la casa.

Soluzione Frette opera in due campi: raffinati tessuti per la casa destinati al mercato tradizionale dei corredi matrimoniali; si tratta di prodotti della migliore qualità e spesso eseguiti su ordinazione; e prodotti destinati ad un mercato più di massa, ma ancora relativamente scelto, in tessuti stampati. La marca avrebbe dovuto comparire nella rete di negozi di Frette e nei grandi magazzini che commercializzano i suoi prodotti destinati al maggiore consumo. Minale Tattersfield dovevano trovare un marchio che si adattasse a entrambi i tipi di prodotti e che rispecchiasse bene la natura dell'attività di Frette. La soluzione proposta evoca la tessitura del materiale, un aspetto fondamentale dell'attività, e anche un senso di tradizione e di esclusività che ben si adatta ai mercati di Frette.

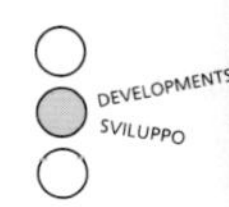

FRETTE
Home Collection
Un lenzuolo doppio
One double flat sheet
193 x 282 cm
FRETTE
Home Collection
100%
Cotone
Cotton

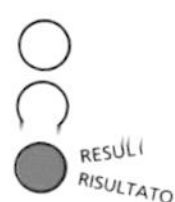
RISULTATO

A successful brand needs a pack design that is constantly updated if it is to withstand the test of time. Sometimes, unfortunately it's neglected and needs a complete revaluation to put it in line, or ahead of its competitors.

IUn brand di successo ha bisogno di un packaging che sia costantemente aggiornato, se vuole reggere alla prova del tempo. Certe volte, purtroppo, ce lo si dimentica e quindi occorre un riesame completo per rimetterlo al passo o davanti alla concorrenza.

Chapter 3: An existing product presented as new

IRN-BRU

1987

Product IRN-BRU

Client AG Barr

Brief To redesign the label design for the can, 750 ml bottle and other packs. The design was also to be developed for application to a new diet version.

According to market research, instigated by AG Barr, the old pack was seen by consumers as 'out of touch' or 'old-fashioned' and needed to be updated for a modern 'lifestyle conscious' market.

Prodotto IRN-BRU

Cliente AG Barr

Brief Ridisegnare l'etichetta, sia per la lattina da 750 ml che per altre confezioni in bottiglia. Il design andava anche sviluppato per una nuova versione dietetica.

Secondo la ricerca di mercato voluta da AG Barr, i consumatori consideravano la vecchia confezione di gusto discutibile e superato, e la si doveva adeguare a un mercato moderno di consumatori più attenti al proprio stile di vita.

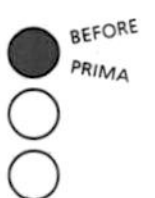

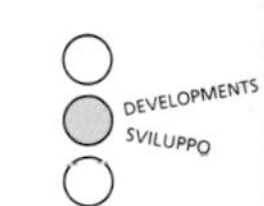

DEVELOPMENTS
SVILUPPO

Solution One of the key elements of the new design was the development of the figure used on the label.

This had to be retained as it had become an unofficial identity, but it was seen as having old-fashioned, predominantly masculine connotations. It was therefore refined to an athletic asexual figure which held more appeal for modern audiences.

Typography was strengthened to reflect the drink's strong 'iron' qualities. The orange colour (another strong brand element) was retained, while a white variant was developed for the new diet version.

Soluzione Uno degli elementi chiave del nuovo design era lo sviluppo della figura utilizzata sull'etichetta.

Questa andava conservata, dato che era diventata un'identità non ufficiale, ma era vista come fuori moda, con connotati prevalentemente maschili. Venne perciò raffinata, rendendola più atletica e asessuata, e quindi più attraente per un pubblico moderno.

I caratteri tipografici furono rafforzati, per rispecchiare le 'ferree' qualità della bevanda. Si mantenne il colore arancio (un altro elemento di forza della marca), mentre si realizzò una variante in bianco per la nuova versione dietetica.

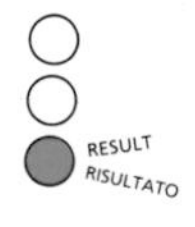

BARR
ORIGINAL AND BEST
IRN-BRU
SERVE
COOL
FLAVOURED · SOFT · DRINK

BARR
ORIGINAL AND BEST
IRN-BRU
SERVE
COOL
FLAVOURED · SOFT · DRINK

ORIGINAL
IRN
SERVE
FLAVOURED

AND BEST
BRU
COOL
SOFT · DRINK

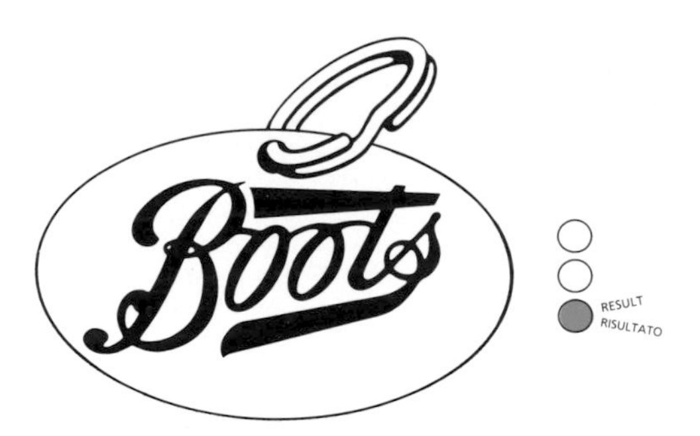

1986

Product Boots Pet Food

Client The Boots Company

Brief To personalise the product without showing any specific breeds and to avoid the problems of costly reproduction associated with photography or illustration. The new range also had to stand out on the shelf against competing pet foods brands.

Prodotto Cibo per animali Boots

Cliente The Boots Company

Brief Personalizzare il prodotto senza mostrare animali di nessuna razza specifica, per evitare il problema di costose riproduzioni di fotografie o di illustrazioni. La nuova linea doveva inoltre distinguersi bene dagli analoghi prodotti per animali della concorrenza.

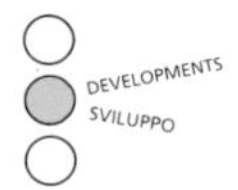

Boots

DEVELOPMENTS
SVILUPPO

Solution Both of the solutions use the client's well established and recognisable oval logo. The one that went ahead transferred it on to a dog tag that endorsed the Pet Care range.

The proposal favoured by the designers used it as the animal's nose,with a simple division between cats and dogs made by using triangles as ears and stylised mouths and whiskers. Simple, strong graphics and colours distinguish ranges and flavours.

Soluzione Entrambe le soluzioni sfruttano il logo ovale, già affermato e ben riconoscibile, del cliente.
La soluzione approvata venne poi riportata sulla medaglietta per cani che distingueva la linea Pet Care.

La proposta prescelta dai designer si serviva del logo come naso degli animali, con una semplice distinzione tra cani e gatti che veniva fatta servendosi di triangoli per le orecchie e di musi e baffi stilizzati. Grafica e colori essenziali e forti distinguono i vari prodotti e i gusti.

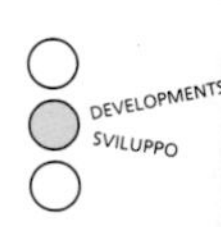

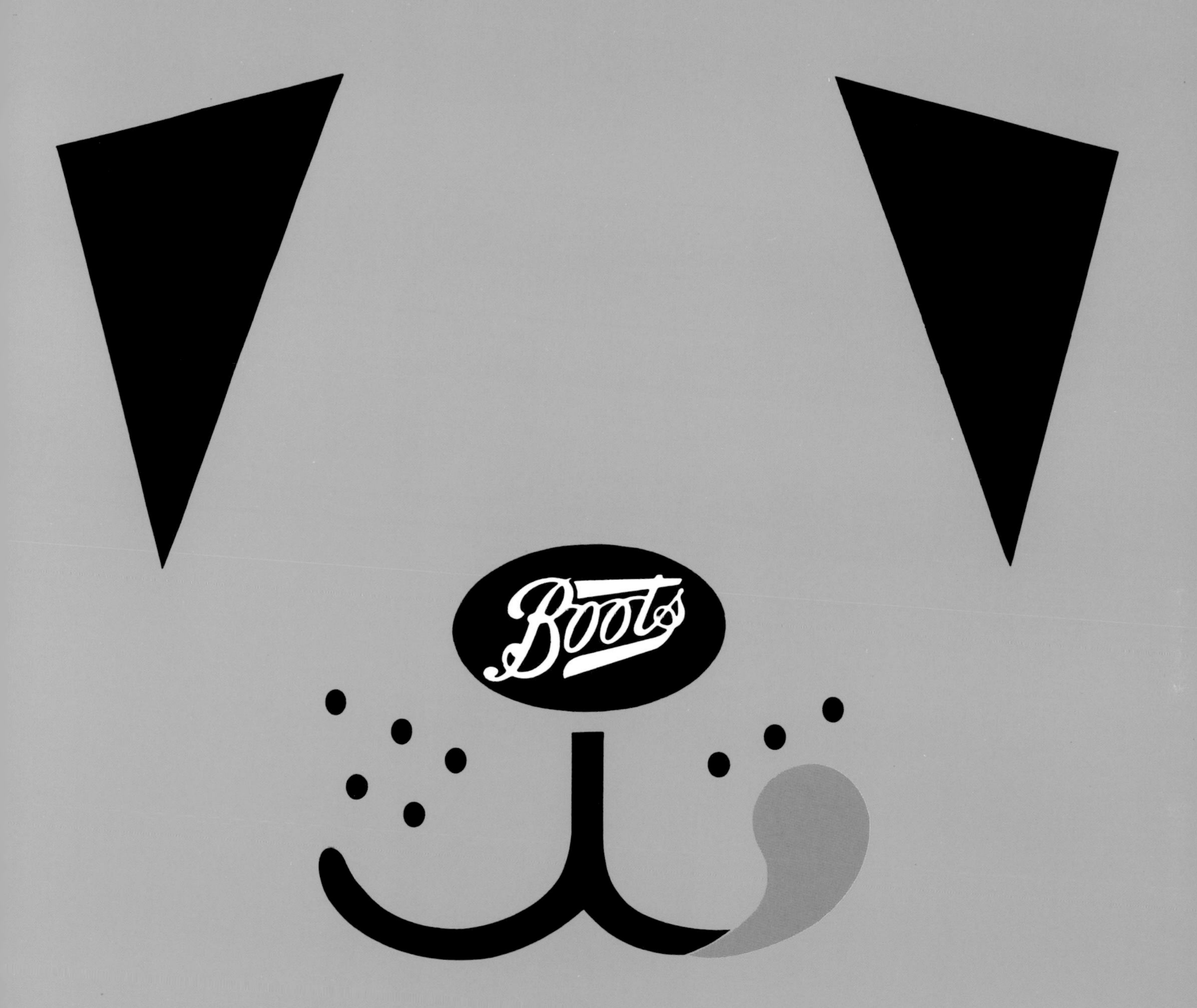
Boots

1991

Product Gini

Client Cadbury Beverages Europe

Brief The objective of the brief was to redesign the existing packaging of this established French brand, which hadn't been touched for 20 years, and create an image that would compete against major international soft drink brands.

Prodotto Gini

Cliente Cadbury Beverages Europe

Brief L'obiettivo del brief era quello di ridisegnare la confezione della nota marca francese, che non era stata toccata da vent'anni, per creare un'immagine in grado di competere con quella delle principali bibite non alcoliche sul mercato internazionale

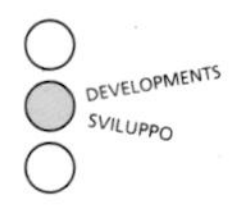

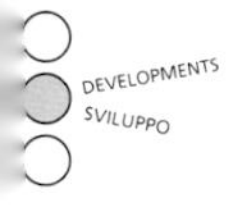

Solution The new typography, firmer and more modern, was developed to keep Gini's personality but at the same time appear more dynamic.

Based on a brighter background colour, it reflects a fresher and more dynamic image. The yellow dot on the 'i' suggests 'sparkle' and the stylised leaf under the brand name (almost hidden on the old pack) not only underlines it but gives a fresh and slightly exotic look. The diagonal lines in the background give an energetic image, a solid base to the brand name and are a code for soft drinks.

Soluzione Si è realizzata una nuova scritta con caratteri più compatti e più moderni, che conservava la personalità di quella precedente pur apparendo più dinamica.

Su un colore di sfondo più brillante, la scritta riflette un'immagine più fresca e vivace. Il puntino giallo sulla 'i' richiama una bollicina e la foglia stilizzata sotto il nome (quasi invisibile sulla vecchia confezione), non solo serve a sottolinearlo, ma gli dà un aspetto fresco e leggermente esotico. Le righe diagonali sullo sfondo forniscono un'immagine energica, una base solida per il marchio e sono un codice di distinzione delle bibite.

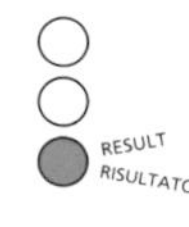

LEMON DRINK
LOW CALORIE LEMON DRINK

Result 'Gini has already achieved a substantial share of the UK flavoured soft drinks market and Diet Gini is selling faster than many other established soft drink brands.'

(Nielsen Scantrack Data, July 1991
– Three months after the launch!).

Gini was designed by Jim Waters from Minale Tattersfield's French office – Design Strategy.

Risultato 'Gini ha già conquistato una quota importante del mercato delle bibite non alcoliche nel Regno Unito, e Diet Gini sta andando molto meglio di molte altre famose marche concorrenti'

(Sondaggio Nielsen, luglio 1991,
– Tre mesi dopo il lancio!)

Il packaging di Gini è stato progettato da Jim Waters della nostra consociata francese – Design Strategy.

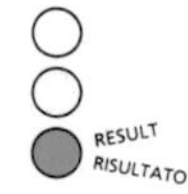

1990

Product Old Tonic

Client San Pellegrino

Brief To resign the packaging and rename San Pellegrino's main tonic water brand to create a higher profile.

Solution Nautical flags signal SPT (San Pellegrino Tonic) and help to create the sailing club or 'old boathouse' colonial image associated with tonic water.

Prodotto Old Tonic

Cliente San Pellegrino

Brief Ridisegnare il packaging e dare un nuovo nome all'acqua tonica San Pellegrino per farla risaltare di più.

Soluzione Le bandierine nautiche segnalano la sigla SPT (San Pellegrino Tonic) e contribuiscono a creare un'immagine da yacht club o da 'vecchio circolo nautico coloniale' che si collega a quella dell'acqua tonica.

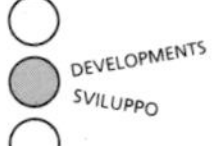

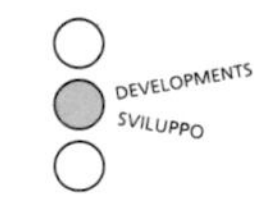

OLDTONIC
SANPELLEGRINO
TONIC WATER
OLDTONIC
SANPELLEGRINO
TONIC WATER
OLDTONIC
SANPELLEGRINO
TONIC WATER

1988

Client San Pellegrino

San Pellegrino is always looking for new brand ideas – or ways to revitalise existing products. Not all reach the shelf – such as Cab, San'Ara and Take-one – but Spell and Chino have been successful.

Cliente San Pellegrino

La San Pellegrino è sempre alla ricerca di nouvi concetti per nouvi 'brand', e alla rivitalizzazione di quelli esistenti. Non tutti raggiungono il Bar, alcuni come Cab, San'Ara e Take-one muoiono per la strada, mentre altri come Spell e Chinò diventano realtà!

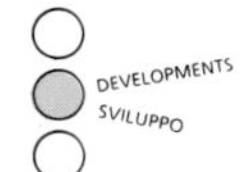

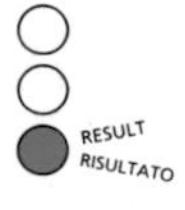

CAB
Lemon & Lime
CAB
Lemon & Lime
CAB
Lemon & Lime
CAB
Lemon & Lime
CAB
Lemon & Lime

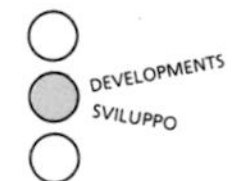
DEVELOPMENTS
SVILUPPO

ARANCIATA
SanAra
ROSSA
ARANCIATA
SanAra
ARANCIATA
ARANCIATA
SanAra
AMARA

TAKE
-ONE
Tonic –
Water

1992

As part of its overall brand marketing, San Pellegrino sponsored a series of racing boat regattas during Columbus' 5th centenary celebrations. The trophy, uniform and sails all bear the special design.

Come parte delle sue Brand Strategie di marketing la San Pellegrino usa la sponsorizzazione. Ne è testimone una serie di regate organizzate per la celebrazione del Quinto Centenario di Colombo dove la San Pellegrino, appunto, 'marca la Rotta'.

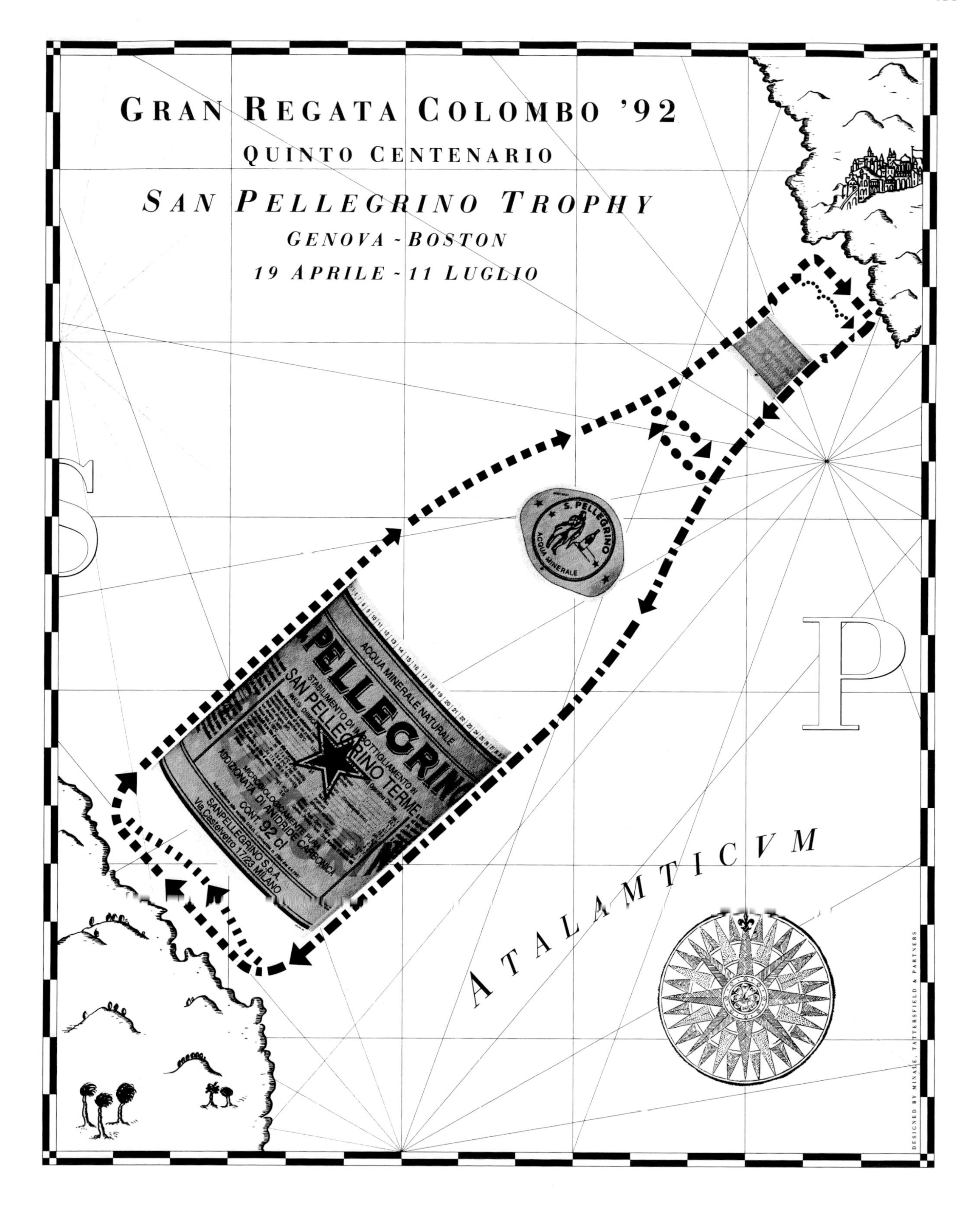
GRAN REGATA COLOMBO '92
QUINTO CENTENARIO
SAN PELLEGRINO TROPHY
GENOVA - BOSTON
19 APRILE - 11 LUGLIO
S. PELLEGRINO
ACQUA MINERALE
S.PELLEGRINO
ACQUA MINERALE NATURALE
STABILIMENTO DI IMBOTTIGLIAMENTO IN
SAN PELLEGRINO TERME
ADDIZIONATA DI ANIDRIDE CARBONICA
CONT. 92 cl
SANPELLEGRINO S.P.A.
Via Castelvetro 17/23 MILANO
S
P
ATALAMTICVM
DESIGNED BY MINALE, TATTERSFIELD & PARTNERS

EVATEST

1991

Product Evatest

Client Boehringer Mannheim (Corange Ltd)

Brief To develop the product's branding and carry out the graphic design of the pack and accompanying leaflet in different language variants. The design had to reflect Boehringer's expertise and integrity, to be recognisable across different cultures and be sensitive to the fundamental paradox of a pregnancy test, namely, that an assumption cannot be made about whether the user wants the result to be positive or negative.

Prodotto Evatest

Cliente Boehringer Mannheim (Corange Ltd)

Brief Sviluppare il branding dei prodotti, realizzare il design delle confezioni e dei dépliant allegati nelle diverse lingue. Il design doveva rispecchiare l'esperienza e l'integrità della Boehringer, che doveva essere riconoscibile anche attraverso il filtro delle varie culture e attento al paradosso di fondo dei test di gravidanza, cioè doveva tener conto del fatto che non si può presumere in anticipo se chi usa il test desidera un risultato positivo o negativo.

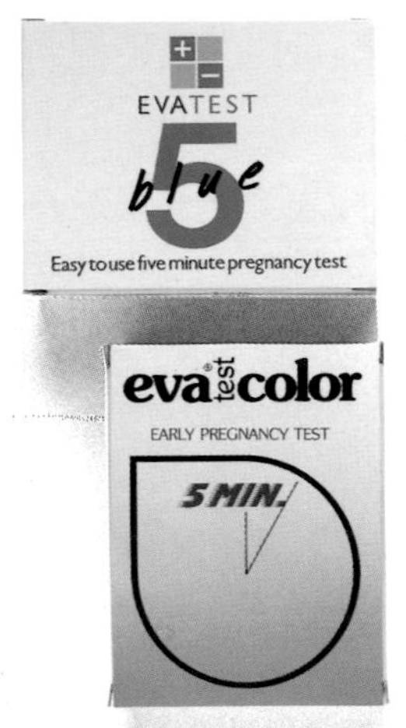

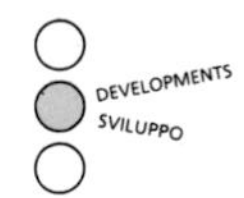

EVA+ES+

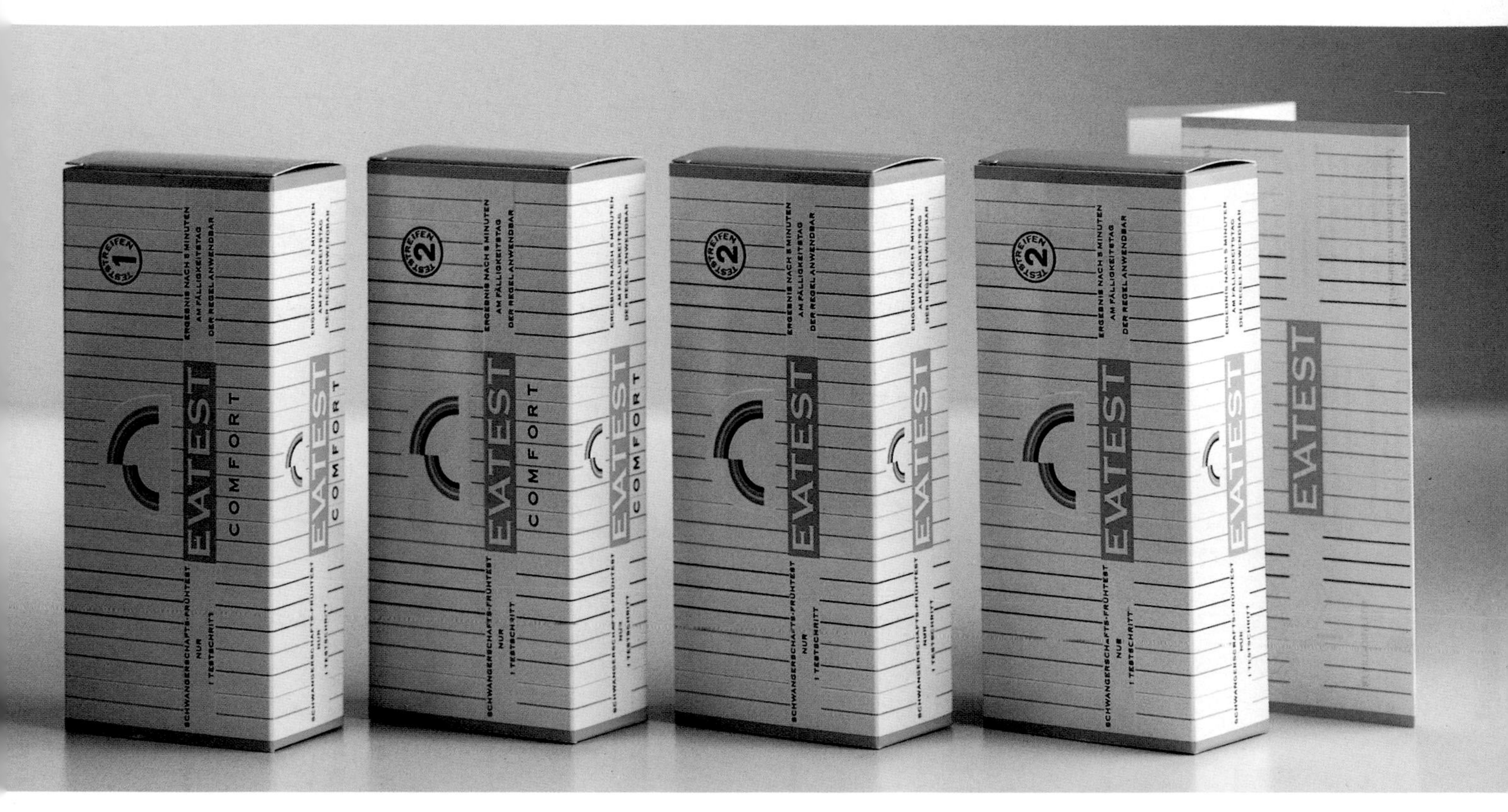

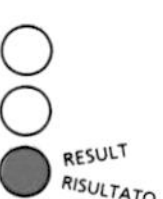

Solution The final solution is a two-way rainbow symbolising two-directional hope. The colours of the rainbow are carried through onto the remainder of the pack and the instruction leaflet. The result is a clean, pharmaceutical/ cosmetic look which translates very effectively on to point of sale and promotional material.

Result Positive

Soluzione La soluzione finale è un doppio arcobaleno, che simbolizza una speranza nei due sensi. I colori dell'arcobaleno sono smarginati sul resto della confezione e sul foglio di istruzioni. Il risultato è un look pulito, di tipo farmacologico/cosmetico che si traduce con molta efficacia sui punti di vendita e sul materiale pubblicitario.

Risultato Positivo

1992

Product Pasta Jolly – Jolly Sgambaro

Client Pasta Jolly

Brief In line with new regulations stating that the qualification 'pasta made of hard wheat' must appear in the most prominent position on the pack, Pasta Jolly commissioned Minale Tattersfield to redesign of their entire range consisting of approximately 150 packs.

Solution As the existing brand image for Pasta Jolly was so strong many of the elements were retained including the Court Jesters which are associated with that Veneto area of Italy. The pasta market does not have a particular colour associated with it, such as beige and gold for premium whisky or dark-green/ gold for olive oil, but the designers felt the red associated with the Pasta Jolly brand was a very strong part of the brand image so it was retained. Stripes were added to make the red appear more elegant and windows to show the product.

Prodotto Pasta Jolly – Jolly Sgambaro

Cliente Pasta Jolly

Brief Per adeguarsi alle nuove normative, le quali impongono che la qualifica 'pasta di grano duro' appaia nella posizione più visibile della confezione, Pasta Jolly ha incaricato Minale Tattersfield di ridisegnare tutta la linea che comprendeva circa 150 diverse confezioni.

Soluzione Dato che l'immagine della Pasta Jolly era già tanto forte, se ne sono conservati molti elementi, fra i quali la figura dei buffoni di corte (collegati alla tradizione veneta). Il mercato della pasta non ha colori tipici collegati al prodotto, come il beige e l'oro degli whisky pregiati o il verde scuro e l'oro dell'olio d'oliva, ma i designer hanno ritenuto che il rosso collegato alla Pasta Jolly fosse un grande elemento di forza e per questo è stato conservato. Si sono aggiunte le strisce per rendere il rosso più elegante e le finestre per far vedere il prodotto.

I MORI
TRAFILA I MORI IN BRONZO
PRODOTTO DELLA TRADIZIONE VENETA
Pastajolly
SPAGHETTI 3
9 MINUTI PER UNA COTTURA AL DENTE
PREMIUM QUALITÀ
CERTIFICATO GRANO PULITO
500g ℮
SPAGHETTI 3
Pastajolly
TRAFILA I MORI IN BRONZO
PRODOTTO DELLA TRADIZIONE VENETA
Pastajolly
9 MINUTI PER UNA COTTURA AL DENTE
PREMIUM QUALITÀ
CERTIFICATO GRANO PULITO
500g ℮
I MORI
CASARECCIA 25
Pastajolly

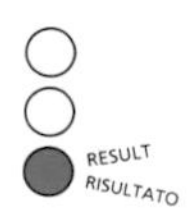
RESULT
RISULTATO

TRAFILA I MORI IN BRONZO
PRODOTTO DELLA TRADIZIONE VENETA
MOLINO E PASTIFICIO JOLLY
DELLA FAMIGLIA SGAMBARO

1989

Product Gran Gelato, a new range of ice-cream in 10 different mouth watering flavours.

Client Sammontana

Brief To evoke a feel of the 1950s, of summer and the sea side and a time when ice cream was considered a special treat.

Solution The graphic stripes and jumping text provide a theme of a 50s world when the vespa, the Ganna bicycle and the Fiat 500 were considered the ultimate style and the aspirations of all young Italians.

Prodotto Gran Gelato una nuova linea di gelato in 10 gusti differenti.

Cliente Sammontana

Brief Per evocare lo spirito anni 50, dell'estate e del mare, e un tempo quando il gelato era considerato un evento speciale.

Soluzione La grafica a strisce con i testi saltellanti si collegano in chiave contemporanea ad un mondo italiano degli anni cinpuanta quando la Vespa, la bicicletta Ganna, la 500 dettavano lo stile avvenieristico e le aspirazioni dell'italiano di successo. Il brand Gran Gelato richiamò senza equivoci la stesso mondo.

VANIGLIA·CACAO·FRAGOLA·NOCCIOLA
GRAN GELATO
SAMMONTANA
GELATI ALL'ITALIANA
PESO NETTO
750g e
QUATTRO 4 DELIZIE
GRAN GELATO
SAMMONTANA
GELATI ALL'ITALIANA
500g e
CAFFÈ · ZABAIONE
GRAN GELATO
SAMMONTANA
GELATI ALL'ITALIANA

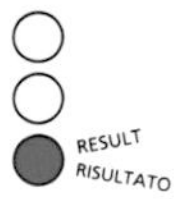
RESULT
RISULTATO

1994

Client Bauli

Brief To redesign the packaging of two traditional products – Pandoro and Pannetone – for this leading Italian Christmas cake manufacturer. The products are traditionally presented in large tins.

In addition, Minale Tattersfield were to create a pack for a new type of cake called 'Fiesta Insieme' (celebate together) which is consumed before Christmas Day.

Cliente Bauli

Brief Ridisegnare il packaging di due prodotti tradizionali, il Pandoro e il Panettone della Bauli, uno dei più importanti produttori italiani di dolci natalizi, che vengono per tradizione presentati in grosse scatole metalliche.

Oltre a ciò, Minale Tattersfield doveva creare una confezione per un nuovo tipo di dolce, chiamato 'Festa Insieme', che va consumato alla vigilia di Natale.

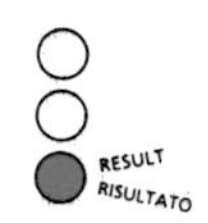
RESULT
RISULTATO

Bauli
Festa insieme
Bauli
Festa insieme

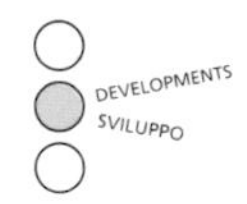
DEVELOPMENTS
SVILUPPO

Solution Minale Tattersfield suggested that, instead of just the usual one tin illustration for the Pandoro and Panettone cakes , there should be four to appeal to different sectors of the market. Bauli's production run was one million, which was divided up into the four different designs.

For 'Fiesta Insieme' the design focusses on the warmth of the home and the pre-Christmas preparations and excitement. The production run for this pack is 500,000.

Soluzione Minale Tattersfield hanno proposto che, invece di una sola illustrazione sulle scatole del Pandoro e del Panettone, ce ne fossero quattro riservate a diversi settori del mercato. La produzione complessiva della Bauli era di un milione di dolci, suddivisi nelle quattro diverse confezioni.

Per 'Festa Insieme' il design punta sul senso di tepore domestico, sull'attesa e l'eccitazione della Vigilia. La produzione totale per questa confezione è di 500.000 pezzi.

RESULT
RISULTATO

天恵美酒
沢の鶴
芳醇無比
不老長春
千年之寿
神戸・灘
沢の鶴

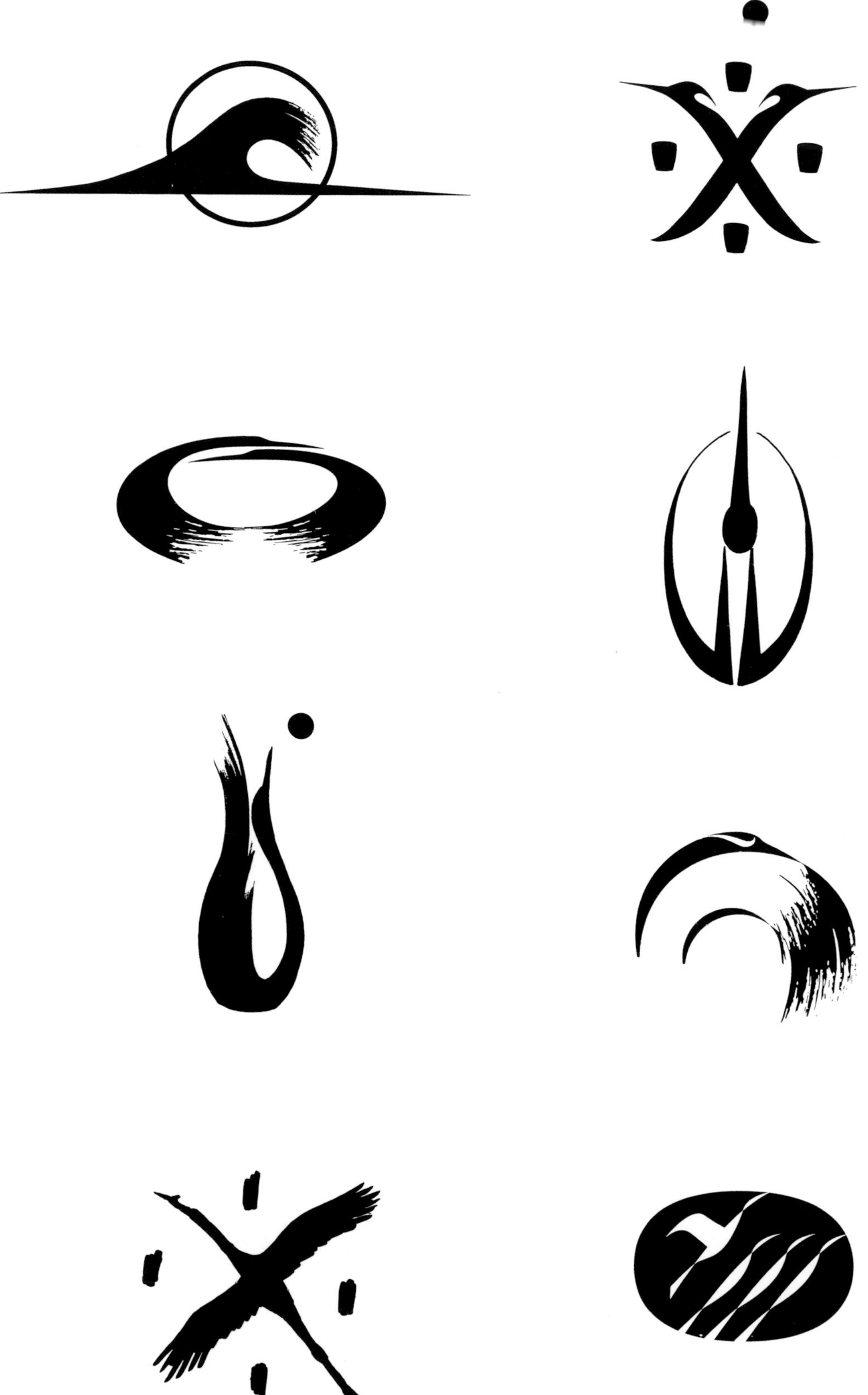

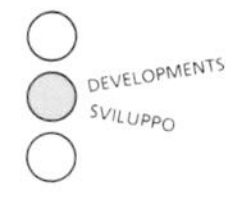
DEVELOPMENTS
SVILUPPO

1991 1993

Product Melinda

Client Melinda, val di nom Trento

Brief To redesign the brand identity for Melinda Val di nom Trento – The association of Apple Growers in Northern Italy.

Solution The 'M' in the new logo of Melinda is suggestive of the apple shape, dark blue represents blue skies and green leaves the sign of a healthy crop.

The packaging of the Melinda brand also included the design of the apple crates and the tissue fruit wrappers.

Prodotto Melinda

Cliente Melinda

Brief Ridisegnare l'identità di brand della Melinda, il consorzio di coltivatori di mele della Val di Non (Trento).

Soluzione La 'M' del nuovo logo di Melinda richiama la forma della mela, l'azzurro scuro rappresenta il cielo e le foglie verdi sono il segno di un ricco raccolto.

Il packaging di Melinda comprendeva anche il design delle cassette, quello della carta che avvolge la frutta e le insegne sui mezzi di trasporto.

BEFORE
PRIMA

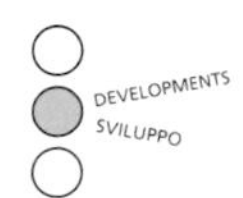

Melinda
Val di Non
Melinda
Val di Non

Melinda
Val di Non

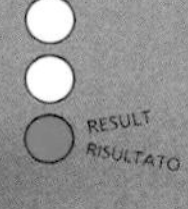
RESULT
RISULTATO

inda®

i Non

1987

Product BP International Lubricants Packaging

Client BP Oil International

Brief A comprehensive brief outlined by BP Oil International called for a complete re-appraisal of the packaging of their international lubricants range, heading away from the ubiquitous tinplate oil can. The new pack design had to be strong, eye-catching, easy to pour, tactile, recyclable, consistent, non-corrosive, cost saving and suitable for international sales!

Prodotto Confezioni per lubrificanti BP

Cliente BP Oil International

Brief Un brief approfondito della BP Oil International rimandava a una riconsiderazione globale del packaging della linea internazionale di lubrificanti, per discostarsi dall'onnipresente lattina di metallo. Il nuovo design doveva essere: robusto, accattivante, facile da versare, tattile, riciclabile, solido, anticorrosivo, economico, e adatto al mercato internazionale!

BEFORE
PRIMA

Solution To be put this vast brief into perspective Minale Tattersfield researched the oil packs that were currently available on the market. They noticed that all that was widely employed were cheap standardised packs created in the 60s and 70s. To put BP ahead of its competitors they needed to incorporate some of the romance of motoring into the design.

Over the six years Minale Tattersfield worked on this project many designs, colours and brand names were developed and tested to find the perfect range of packaging that reflected customer values and expectations, both in the UK and internationally.

Soluzione Per mettere nella giusta prospettiva questo vasto brief, Minale Tattersfield fece una ricerca sulle confezioni d'olio in quel momento presenti sul mercato, notando che tutto quello che aveva un vasto impiego era costituito da confezioni a poco prezzo e standardizzate, create negli anni Sessanta e Settanta. Per mettere la BP davanti alla concorrenza, occorreva inserire nel design qualche aspetto che ricordasse l'avventura del motore a scoppio.

Nei sei anni in cui Minale Tattersfield lavorò su questo progetto, si svilupparono e si provarono svariati design, colori e nomi di marca, in modo da trovare la linea perfetta di packaging, che rispecchiasse il giudizio e le aspettative della clientela, sia nel Regno Unito che nel resto del mondo.

DEVELOPMENTS
SVILUPPO
LONDON GRAPHIC CENTRE

Over 30 pack shapes were initially drawn up for consideration, and from these 20 were developed into prototypes. Over the next three years they were factory tested, drop tested, crush tested, heat tested, tested for the most precise pour and suitable grip (for left, right, small and large handed users) and market researched in eight countries.

Finally, from all of this research, a range of 7 packs were chosen (1/4, 1/2, 1, 2, 3, 4 and 5 litre) which would be available in each grade of oil.

The most innovative element of the final pack design was the unique double-walled pouring spout, which allows air into the handle while the oil is being poured. This cuts out glugging and lets oil flow smoothly from the pack.

Si disegnarono più di trenta forme per la confezione, e venti di queste arrivarono allo stadio di prototipi. Nei tre anni successivi ci furono collaudi alla produzione, prove di resistenza alla caduta, alla pressione, al calore, verificando se il liquido si versava con precisione e se il contenitore si impugnava bene (per chi usava di preferenza la destra o la sinistra, per chi aveva la mano grande o piccola), e ricerche di mercato in otto paesi diversi.

Infine, da tutta la ricerca si è operata una scelta su sette confezioni (da 1/4, 1/2, 1, 2, 3, 4 e 5 litri) che sarebbe stata disponibile per ogni tipo di olio.

L'elemento più innovativo del design finale era l'originale beccuccio, che permette all'aria di entrare dalla maniglia mentre si versa l'olio, impedendo così all'olio di gorgogliare e facendolo defluire in modo uniforme dalla lattina.

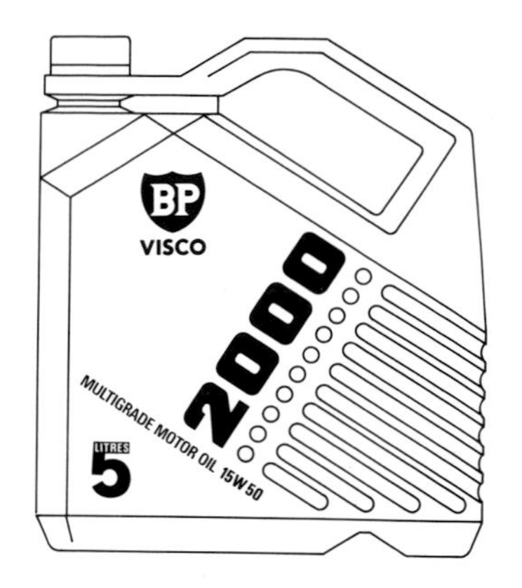

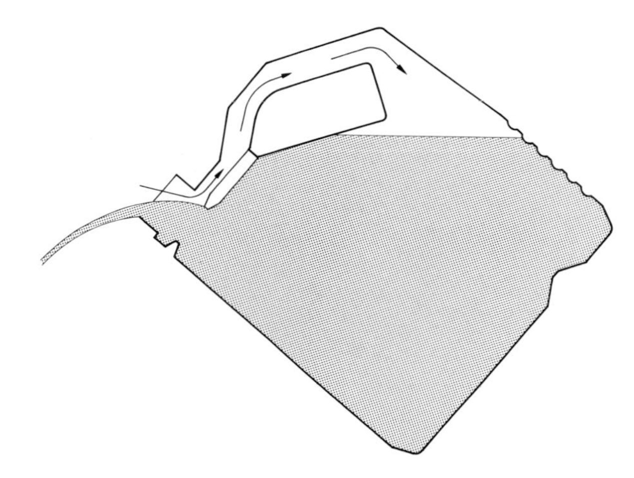

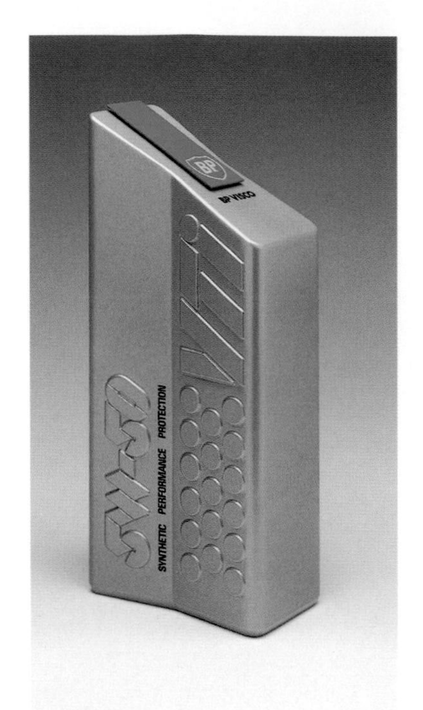

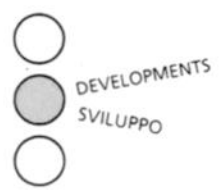
DEVELOPMENTS
SVILUPPO

The brand names and colours were used to clearly indicate the different quality and prices of the oil they contained. In research gold and silver were found to be cliched in the eyes of motorists, therefore the designers stipulated a range of metallic and plain colours for the packs to give instant indication of the performance level and application of the contents. The top of the range high performance Visco 2000 Plus comes in a metallic silver coloured pack with a hint of green. A dark green/grey metallic was used to reflect the universal appeal of BP's biggest selling oil – Visco 2000, plain yellow denoted 'economy' for the 20-50 range and black was for diesel.

I nomi ed i colori erano utilizzati per indicare con chiarezza le diverse qualità e i diversi prezzi degli oli contenuti nelle lattine. Nella fase di ricerca si scoprì che oro e argento erano i colori tipici agli occhi degli automobilisti, per questo i designer hanno scelto una gamma di colori primari metallizzati che dessero un indicazione immediata del rendimento e dell'impiego del prodotto. Al vertice c'è il Visco Plus 2000, in una confezione argento metallizzato con una sfumatura di verde. Un grigio scuro-verde metallizzato è stato utilizzato per rispecchiare il richiamo universale dell'olio BP più venduto, il Visco 2000, mentre un semplice giallo caratterizzava il tipo economico della gamma 20-50 e il nero il gasolio per diesel.

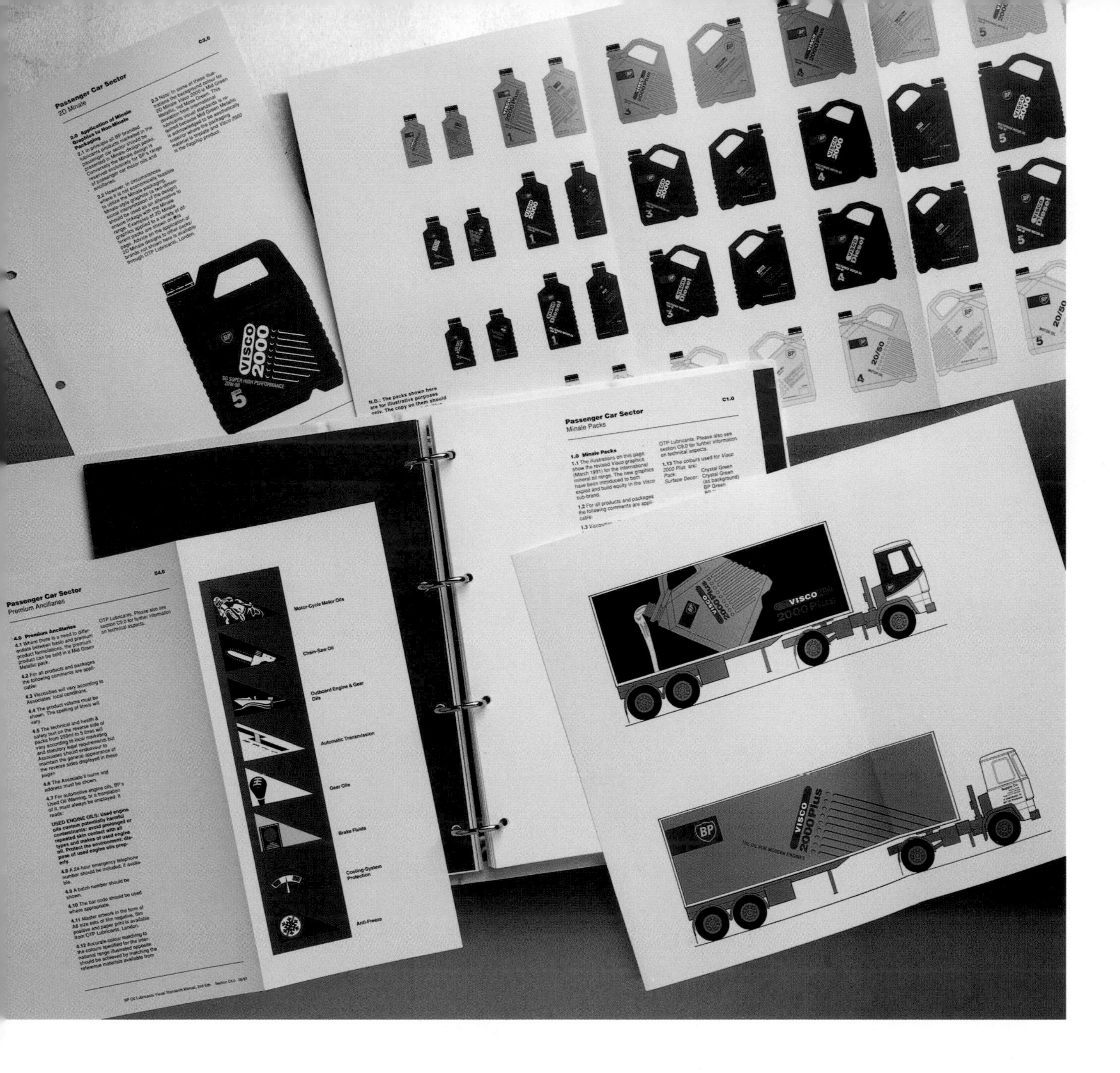

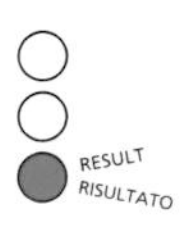
RESULT
RISULTATO

Result 'We now have a range of distinctive, attractive and highly functional BP Oil International retail packs. They are lovely to look at, delightful to hold and heaven to pour. We are a giant step ahead of our competitors'.

After introducing the new designs, BP recovered their investment within nine months through a 40% increase in sales.

Risultato 'Disponiamo oramai di una serie di lattine per la vendita al dettaglio originali, attraenti e assai funzionali, per gli oli BP International. Sono piacevoli nell'aspetto, gradevoli al tatto e comode da versare. Abbiamo fatto un passo da gigante in avanti rispetto alla concorrenza.'

Dopo aver introdotto i nuovi design, la BP ha ammortizzato l'investimento in sei mesi, grazie a un aumento del 40% delle vendite.

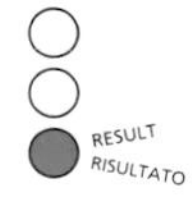

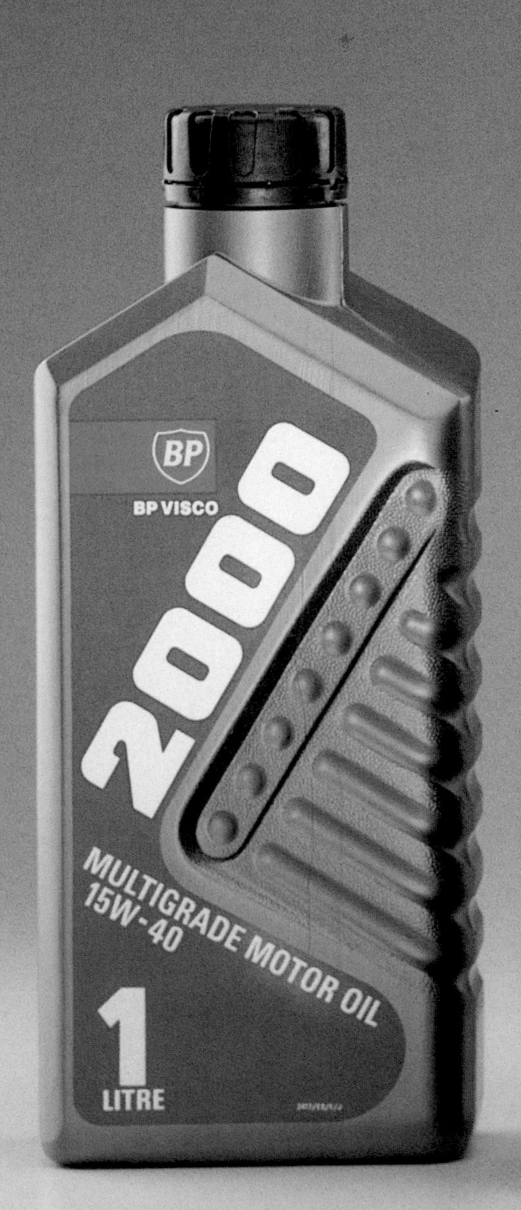
BP
BP VISCO
2000
MULTIGRADE MOTOR OIL
15W-40
1
LITRE

BP
BP VISCO
2000
MULTIGRADE MOTOR OIL
15W-40
500ml

BP
BP VISCO
MULTIGRADE MOTOR OIL
15W-40
LITRES
5

RESULT
RISULTATO

1991

Valderma

Product Valderma Skin Treatment

Client Roche Products

Brief To update the Valderma range, not only to strengthen brand loyalty amongst existing users, but to create a strong 'shelf presence' appealing to first time users.

Solution The new design was based on an ingenious idea and involved not only the graphics but the pack shape.

Firstly, the pack and tube were changed from horizontal to vertical placements to maximise on-shelf impact amongst competitors. An initial design idea of a triangular pack with a slanted top proved to be too limited for practical shelf display. However, the triangular idea was carried through to a square pack by slicing off a corner. This also formed the 'V' of Valderma.

Prodotto Valderma Skin Treatment

Cliente Roche Products

Brief Aggiornare la linea Valderma, non solo per rafforzare la fedeltà alla marca dei vecchi consumatori, ma anche per creare una forte presenza 'on shelf' che ne attiri di nuovi.

Soluzione Il nuovo design si basava su un'idea ingegnosa che toccava non solo la grafica, ma anche la forma della confezione.

Anzitutto, si modificarono la confezione e il tubetto che passarono dallo sviluppo orizzontale a uno verticale, per ottimizzarne l'impatto rispetto alla concorrenza. L'idea iniziale di una confezione triangolare con la parte alta inclinata si dimostrò troppo limitativa dal punto di vista pratico per l'esposizione sullo scaffale. Tuttavia, l'idea del triangolo portò a quella di un parallelepipedo con un angolo tagliato, che veniva anche a formare la 'V' di Valderma.

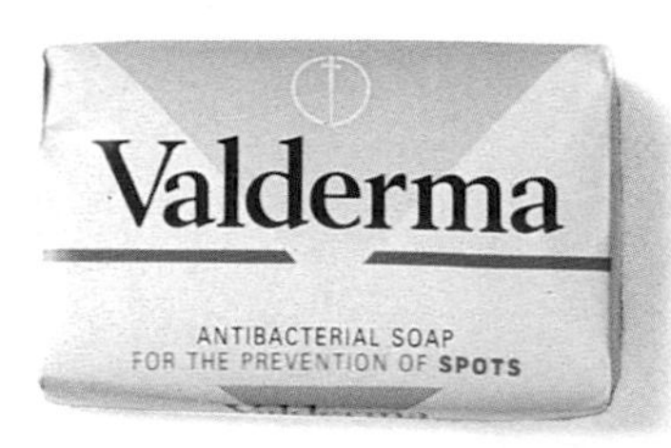

Competitors

Germolene With local anaesthetic effect
ANTISEPTIC OINTMENT

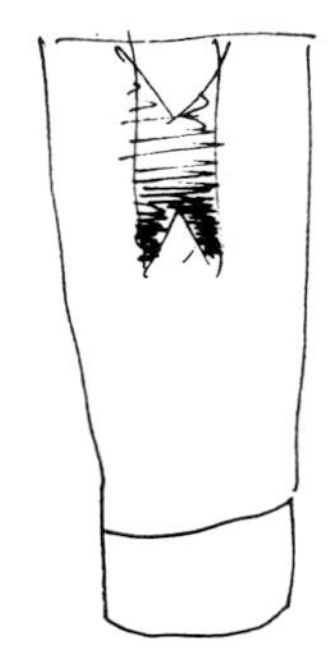

VALDERMA

VALDERMA

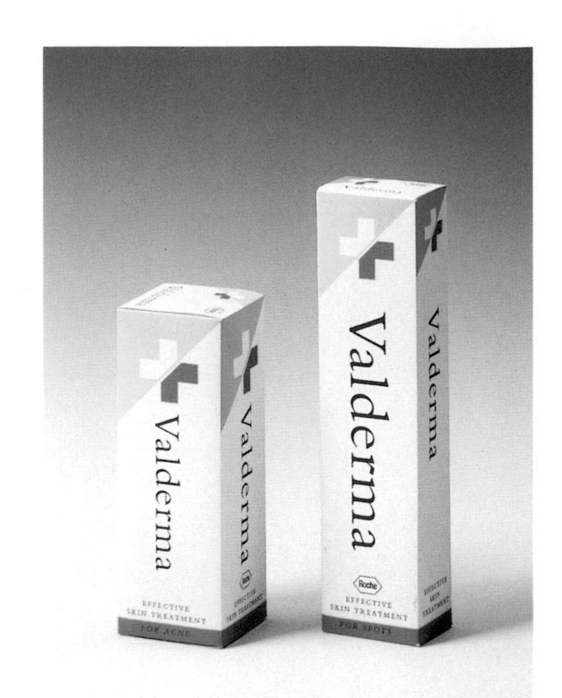
Valderma
Valderma
EFFECTIVE SKIN TREATMENT
FOR ACNE
Valderma
Valderma
EFFECTIVE SKIN TREATMENT
FOR SPOTS

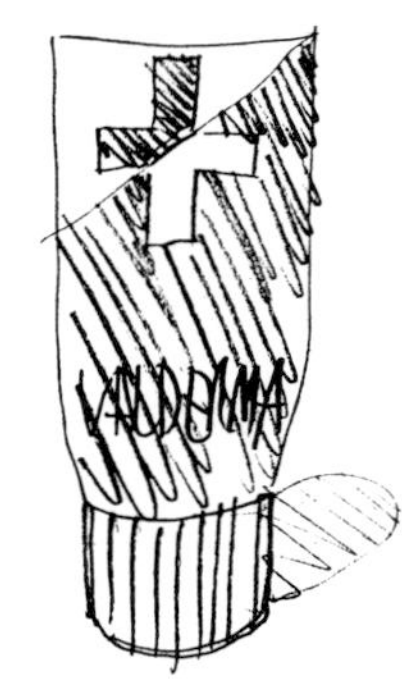

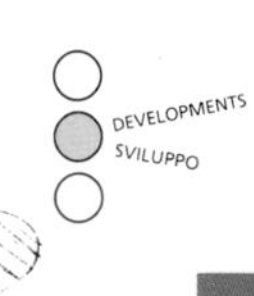
DEVELOPMENTS
SVILUPPO

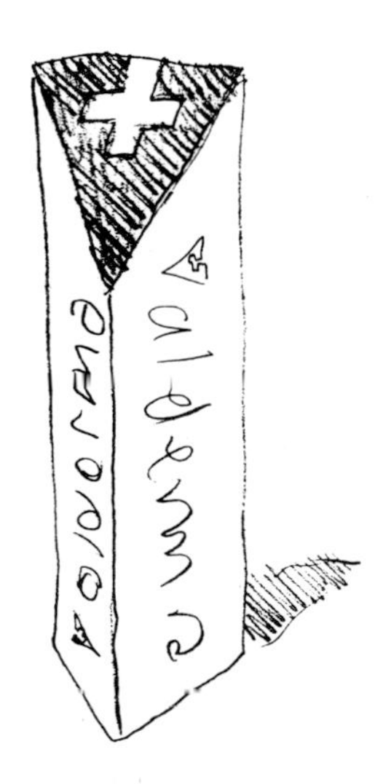
Valderma

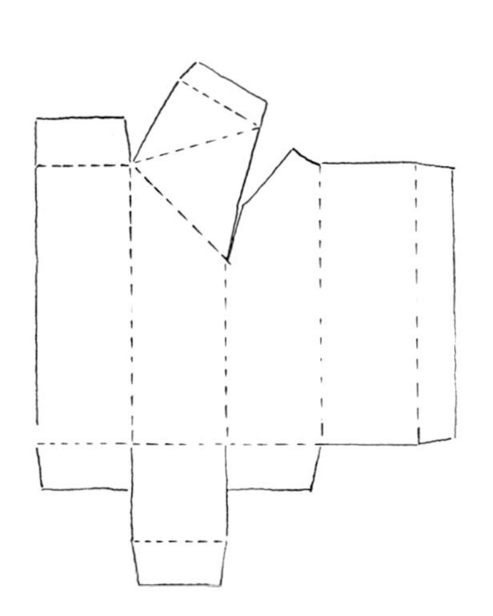

Valderma
Valderma
EFFECTIVE SKIN TREATMENT
Valderma
Valderma
EFFECTIVE SKIN TREATMENT

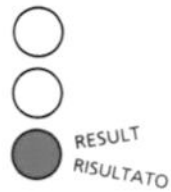

As well as the physical shape, the colours and the graphics had to stand out from the competition. Blue was used as the base colour as it is associated with skin products, but a tinge of green was added for differentiation. A second contrasting colour was used for each of the products in the range, e.g. Yellow for the Active Gel, red for the Medicated Foot Cream. Two graphic 'Vs' on the top of the pack link to make a pharmacy cross which also added medical weight.

Result 'The new Valderma design is unique, striking and up-to-date. It has moved Valderma's image out of the 70s and into the 90s.'... 'Within the first 6 months since the launch of the new design, the product has seen an increase in sales of 36%, without advertising support'.

Roche Products Ltd

Oltre alla conformazione, anche i colori e la grafica dovevano far risaltare il prodotto tra i concorrenti. Si impiegò il blu come colore di base, perché è il colore collegato ai prodotti per la pelle, ma si aggiunse una sfumatura di verde per differenziarlo. Per ogni prodotto della linea si è poi usato un secondo colore in contrasto, per esempio il giallo per l'Active Gel, il rosso per la Medicated Foot Cream. Due 'V' in forma grafica sulla cima della confezione sono collegate per formare la croce di una farmacia, che conferisce l'immagine autorevole di prodotto farmaceutico.

Risultato 'Il nuovo design di Valderma è straordinario, singolare e moderno. Ha portato l'immagine Valderma direttamente dagli anni Settanta agli anni Novanta' ...'Entro sei mesi dal lancio del nuovo design, il prodotto ha visto una crescita delle vendite del 36% senza il supporto della pubblicità'.

Roche Products Ltd

RESULT
RISULTATO

RESULT
RISULTATO

1986

Product DIY paint range

Client Max Meyer-Duco

Brief To redesign and reposition the main brands of Max Meyer-Duco following their merger, whilst retaining the strength of both company's brand image.

Solution To reposition Max Mayer-Duco's products as the leading DIY paint range, Minale Tattersfield created an image that was more professional.

Packs were colour coded to represent the use of the paint inside and the form of the lozenge shape logo was echoed in the illustration on the front of the pack and in the colour guide.

Prodotto Gamma di vernici Max Meyer-Duco

Cliente Max Meyer-Duco

Brief Per ridisegnare e riposizionare i prodotti principali di Max Meyer-Duco per il fai da te, in seguito alla fusione delle due società, pur mantenendo la forte immagine di entrambe.

Soluzione Minale Tattersfield ha creato confezioni più professionali, con un codice colore che distingue il tipo di vernice all'interno. La forma a losanga del marchio viene riecheggiata sull'illustrazione posta sul lato anteriore della confezione e nella guida dei colori.

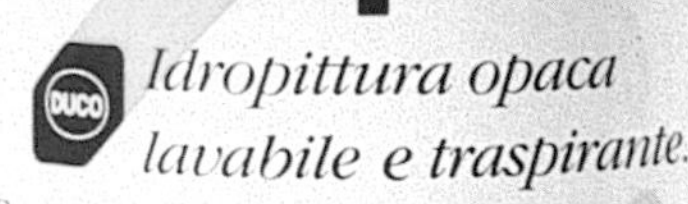

Ducotone
DUCO
La famosa supermurale lavabile.
Impermeabile al vapore.
Per interno, esterno.
Facile da usarsi.
BLU
7.603.0984
Ducoplast
DUCO
Idropittura opaca lavabile e traspirante.
Per bagno, cucina e pareti che respirano.
Facile da usarsi.
Iridoil
DUCO
Smalto lucido multiuso. Per legno, ferro, interno, esterno. Facile da usarsi.
VERDE MELA
7.686.0974

Dulox
BRILLANTE
DUCO
Smalto inodore.
Non si scolorisce.
Per legno, ferro, interno, esterno.
ROSSO
7.618.0994
Dulox
SATINATO
DUCO
Smalto inodore di aspetto setoso e inalterabile.
Per legno, ferro, interno, esterno.
VERDE MELA
7.686.0974

PINARDO

1991

Product Pinardo wine

Client San Pellegrino

Brief The leading Italian drinks company approached Minale Tattersfield to redesign the pack for one of its major products. Pinardo was one of the first drinks to be launched in a 'brick pack' twenty years ago.

Solution The new design retains the successful Tetrapak container whilst incorporating an 'à la Giorgione' renaissance style of illustration to position it as a 'vin de table'. The Pinardo 1 litre pack is now among the highest selling wines in the Italian supermarket.

Prodotto Vino Pinardo

Cliente San Pellegrino

Brief L'importante azienda italiana produttrice di bevande interpellò Minale Tattersfield perché ridisegnasse la confezione di uno dei suoi prodotti più importanti. Pinardo era una delle prime bevande che furono lanciate in confezione rettangolare, una ventina di anni fa.

Soluzione Il nuovo design conserva l'affermata confezione Tetrapack, aggiungendovi una illustrazione in stile giorgionesco e rinascimentale, che lo qualifichi come 'vino da tavola'. La confezione da un litro è ora una delle più vendute nei supermercati italiani.

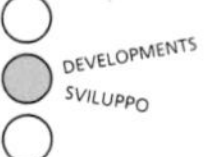

PINARDO
VINO DA TAVOLA
PRODOTTO IN ITALIA
RUBINO DEL COLLE
PINARDO
Rosso
10% vol
PRODOTTO IN ITALIA
1 litro e
PINARDO
VINO DA TAVOLA
CA
PRODOTTO IN ITALIA
DORATO DELLA VIGNA
PINARDO
Bianco
VINO da TAVOLA
10% vol
PRODOTTO IN ITALIA
1 litro e
Bianco
VINO da TAVOLA

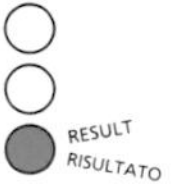
RESULT
RISULTATO

1994

Product Drinks vending machine

Client The Terence Piper Company Limited

Brief The target market is prestigious city firms, so customers have high expectations. Existing labelling was not appetising enough to encourage impulse purchasing of drinks and it was felt that the Victorian style engravings were not in sympathy with the highly developed machine.

Although a range identity was considered important, it was nearly impossible to tell which drinks were which. The 'Freshbrew' drinks, which are an important selling feature of the machine, were not distinguished from the rest.

Prodotto Distributore di bevande

Cliente The Terence Piper Company Limited

Brief Il target di mercato è rappresentato da prestigiose aziende della City, per questo la clientela ha aspettative elevate. L'etichetta precedente non era abbastanza appetibile e non incoraggiava all'acquisto delle bevande; inoltre si riteneva che le incisioni in stile vittoriano non fossero in sintonia con una macchina dalla tecnologia molto elaborata.

Anche se l'identità dalla gamma era considerata importante, era quasi impossibile dire quali bevande ci fossero in ciascun distributore. Le bevande 'Freshbrew', che sono una delle caratteristiche importanti per la vendita della macchina, non si distinguevano dalle altre.

DEVELOPMENTS
SVILUPPO

Solution A sophisticated target market demands a solution in keeping with the surroundings and expectations of the customers. The overall design of the labelling has been upgraded to fulfil this need. The Terence Piper signature has been redrawn and a unique logo has been developed.

To enhance taste expectations, appetizing product descriptions have been added and atmospheric photographic shots will replace the indicative illustrations shown here.

A strong range feeling has been maintained by consistent branding, whilst the 'Freshbrew' drinks are differentiated from the rest by exploiting the strong dark backgrounds associated with fresh brew products such as ground coffee.

Soluzione Un target raffinato impone una soluzione all'altezza dell'ambiente e delle aspettative della clientela. Il disegno complessivo dell'etichetta è stato migliorato in modo da rispondere a questa esigenza. La firma Terence Piper è stata ridisegnata e si è sviluppato un logo molto particolare.

Per stimolare le aspettative di gusto, si è aggiunta la descrizione di prodotti appetitosi, mentre fotografie d'atmosfera prenderanno il posto delle illustrazioni indicative che compaiono qui.

Si è mantenuto il forte senso della marca con un branding coerente, mentre le bevande 'Freshbrew' vengono differenziate dal resto sfruttando gli sfondi molto scuri che richiamano l'idea di aromi freschi, come quello del caffé appena macinato.

CANE SUGAR
TOMATO & HERB SOUP
ORANGE DRINK
CAFE COLOMBIA
CAPPUCCINO
FRESHBREW
KENYAN
COFFEE
ENGLISH BREAKFAST LEAF TEA
Italian style coffee blended with chocolate and topped with a creamy froth.
a blend of Kenyan & Colombian Arabica beans, medium roasted for a rich aroma and smooth flavour.
FRESHBREW
Medium
Strong

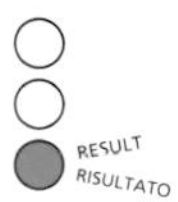
RESULT
RISULTATO

Branding often has to work not just on a single product but for a whole family of packaging. In this case, the challenge is to achieve the correct balance of overall branding and consistency across the range whilst allowing flexibility of design for individual products.

Il branding deve spesso funzionare non solo su di un singolo prodotto, ma su un'intera famiglia di packaging. In questo caso, la difficoltà sta nel trovare il giusto equilibrio di uniformità e di caratterizzazione complessiva di tutta la gamma, pur lasciando una certa flessibilitá di design per i singoli prodotti.

Chapter 4: Family of packaging

Harrods
KNIGHTSBRIDGE

1986

Client Harrods Ltd

Product French promotion week

Brief To design a total identity for the Harrods French season to promote a vast range of French products within the store.

Solution The symbol is created from the famous Harrods building, illustrated by Brian Tattersfield in the French Neo-Impressionist painting style of pointillism. This highly colourful style continued the French theme throughout the store for the various promotions and items of packaging.

For the Food Halls, a complete range of French products were re-packaged for display. In addition, window displays and posters were designed and an inter-departmental carrier bag was produced which ensured that the promotion was carried outside the shop.

Cliente Harrods Ltd

Prodotto Settimana Promozionale Francese

Brief Disegnare un'identità totale per la stagione Harrods French, tesa a promuovere un'ampia gamma di prodotti francesi nel grande magazzino.

Soluzione Il simbolo è ricavato dal celebre edificio di Harrods, che viene illustrato da Brian Tattersfield in uno stile che richiama il divisionismo francese. Questo stile ricco di colore riprende il tema della Francia per le varie promozioni di articoli e di confezioni presenti in tutto il grande magazzino.

Nella sala dei prodotti alimentari si presentarono prodotti francesi con confezioni completamente rifatte. Inoltre, si disegnarono vetrine e manifesti, oltre a realizzare un sacchetto per tutti i reparti che facesse uscire la promozione anche all'esterno.

RESULT
RISULTATO

TABOULE

Gourmet Gourmand.

INGREDIENTS: Couscous - Semolina. 150g.
Pure Olive Oil, Tomatoes, Onions, Lemon Juice, Mint,
Parsley, Salt. 450g.

This taboule is a very refreshing salad for
3 or 4 persons. Mix the contents of the bag
and jar together. Stir thoroughly. Put
the mixture into the refrigerator for at least
Serve chilled

TOTAL NET WT.
PRODUCT OF FRANCE (CEE)F 1309 A -

Harrods
BLOCK OF GOOSE LIVER
Harrods
GATEAUX BRETONS
16 BUTTER CAKES FROM BRITTANY
4 TRAYS EACH CONTAINING 3 CAKES
INGREDIENTS: Wheat Flour, Butter 30%
Sugar, Eggs, Salt, Baking Powder
NET WT. 8½ OZ
Harrods
PEACH PRESERVE
EXTRA JAM
INGREDIENTS: Sugar, Peaches, Gelling Agent, E440, E330
NET WT. 370g 13 OZ

Harrods
FRESHLY GROUND COFFEE
HARRODS LIMITED, LONDON, ENGLAND
Harrods
BRITTANY BUTTER COOKIES
32 BUTTER COOKIES FROM BRITTANY
INGREDIENTS: Wheat Flour
Sugar, Butter 22%, Eggs, Salt, Baking Powder
Harrods
WALNUT OIL
A VEGETABLE OIL
SUITABLE FOR SALAD DRESSING
PRODUCT OF FRANCE
Harrods
SHERRY VINEGAR
ACETIC ACID 7%
NET CONTENTS 500ml e

Harrods
CLEMENTINE PRESERVE
EXTRA JAM
INGREDIENTS: Sugar, Clementines, Gelling Agent, E440, E330
NET WT 370g e 13 OZ

Harrods
SARDINES
IN OLIVE OIL
WITHOUT BONES
INGREDIENTS: Sardines · Olive Oil, Salt
Harrods
CHICKEN IN RED WINE
BACON AND CEPE MUSHROOM SAUCE
NET WT. 14 OZ.

Harrods
TABOULE
Harrods
CIDER
VINEGAR
WITH FRESH SHALLOTS
ACETIC ACID 5%
CONTENTS 500ml e
16 FL OZ
Harrods
5 MIXED HERBS
SPECIAL PEPPER MILL MIX
Harrods
DRIED MIXED HERBS
Harrods
BRITTANY
BUTTER COOKIES
16 BUTTER COOKIES FROM BRITTANY
INGREDIENTS: Wheat Flour, Sugar, Butter 22%, Eggs, Salt, Baking Powder.

Har

ods

ragno®

Product Ragno Underwear

Client Maglieria Ragno

Brief To bring the overall image of Ragno up-to-date under one common style, whilst rationalising the entire range of packaging into a more concise form that improved the presentation of each product at the point of sale.

Solution Firstly to make a new stronger brand image for Ragno the corporate identity was redesigned.

The three areas of Ragno's underwear – men's, women's and children's – were then given key colours (dark blue, pink and green respectively), to make them easily recognisable.

Box packaging was completely reappraised to allow for more efficient storage and a stronger impact on the shelf.

Prodotto Biancheria intima Ragno

Cliente Maglieria Ragno

Brief Rendere attuale e unificare l'immagine complessiva di Ragno, razionalizzare tutta la linea di packaging dandole una forma più concisa che migliori la presentazione dei singoli prodotti al punto di vendita.

Soluzione Per rendere più forte l'immagine di Ragno, in primo luogo se ne ridisegna l'identità.

Si sono dati colori di identificazione ai tre settori dell'intimo per uomo, donna e bambino: rispettivamente blu, rosa e verde, rendendoli più facilmente riconoscibili.

Si è fatto un riesame completo della scatola della confezione, in modo da renderne più facile la sistemazione e più forte l'impatto sullo scaffale.

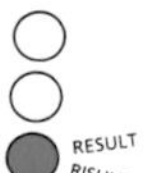

ragno® junior

Morbida lana sulla tua pelle. La qualità Ragno.

rag

gno®

1990

Product Dale Farm Dairy Products

Client Dale Farm Dairies

Brief To 'refresh' the brand identity and create new designs for 40 of Dale Farm's dairy products, ranging from yoghurts to ice-creams. The design had to work as strongly on the individual packs as it did as a range on the shelf. The entire project had to be completed in three months.

Prodotto Latticini Dale Farm

Cliente Dale Farm Dairies

Brief 'Rinfrescare' l'identità del brand e realizzare nuovi design per quaranta prodotti Dale Farm, che vanno dagli yogurt ai gelati. Lo stesso impegno andava dedicato sia alle singole confezioni sia al design complessivo della linea. Il tutto doveva essere realizzato in tre mesi.

DALE FARM
Vanilla
VANILLA FLAVOURED ICE CREAM
CONTAINS NON MILK FAT
568 ml
Vanilla
DALE FARM
Neapolitan
VANILLA, STRAWBERRY AND
CHOCOLATE FLAVOURED ICE CREAM
CONTAINS NON MILK FAT
568 ml
Neapolitan
DALE FARM
Pink
&Plain
VANILLA AND STRAWBERRY
FLAVOURED ICE CREAM
CONTAINS NON MILK FAT
568 ml
Pink & Plain
DALE FARM
Raspberry
Ripple
568 ml
Raspberry Ripple

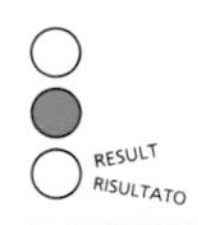
RESULT
RISULTATO

DALE FARM
Raspberry Ripple
1 Litre
DALE FARM
Mint Choc Chip
1 Litre
DALE FARM
Chocolate Ripple
1 Litre
DALE FARM
Strawberry
STRAWBERRY FLAVOURED ICE CREAM
CONTAINS NON MILK FAT
1 Litre

Solution The new identity of Dale Farm was always strongly presented in the design of the new pack. The 'sweep' shape and blue and green colours give the yoghurt and cream ranges a strong image that worked particularly well on the shelf.

The ice-cream range used a more subtle method of branding. A band of colour along the left-hand side of the pack acts as a device to locate the symbol and control the elements on the pack.

Stylised photography conveys the idea of the product as a treat

---

Soluzione La nuova identità di Dale Farm è stata presentata con decisione nel design della nuova confezione, nella forma ricurva e nei colori verdi e azzurri, che danno agli yogurt e alle creme un'immagine forte che funziona particolarmente bene sullo scaffale.

La linea dei gelati sfruttava un branding più raffinato. Una fascia colorata sul lato sinistro della confezione ha la funzione di collocare il simbolo e di controllare gli elementi della confezione.

Una fotografia stilizzata trasmette l'idea del prodotto come dolce da degustare

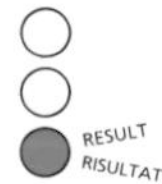

DALE
FARM
Vanilla
1 Litre
5 000245 001126

DALE
FARM
SOFT SCOOP
Vanilla
ICE CREAM CONTAINS NON MILK FAT
INGREDIENTS: Reconstituted skimmed milk, sugar, hydrogenated vegetable oil (replaced by butter oil and hydrogenated vegetable oil for Republic of Ireland) dextrose, skimmed milk powder, whey powder, emulsifier: glyceryl mono-stearate; stabilisers: sodium alginate, guar gum, carrageenan; flavouring, natural colours: annatto, curcumin (no colour for Republic of Ireland)
2 Litre
5 000245 001263

1992

Product Galbani range of cheeses

Client Galbani

Brief To reappraise the packaging of the range, including Mozzarella, Dolcelatte (Galbani's name for Gorgonzola), Mascarpone, Magor, Ricota and Parmesan.

Solution After a European-wide audit the packaging was developed to create a strong 'family' image. Key brand elements associated with Galbani cheese were kept, such as the gingham pattern, whereas new additions like the Italian Tuscan landscape were introduced to evoke the products' heritage.

Serving suggestions were also part of the new design in order to show customers less familiar with the cheeses how they could be used.

Prodotto Formaggi Galbani

Cliente Galbani

Brief Riconsiderare il packaging dei formaggi Galbani, che comprendono Mozzarella, Dolcelatte (un gorgonzola), Mascarpone, Magor, Ricotta e Parmigiano.

Soluzione Dopo un'ampia analisi in tutta Europa, si è sviluppato un packaging che creasse una forte immagine di 'famiglia'. Si sono conservati gli elementi chiave del brand collegato al formaggio Galbani, per esempio il disegno a quadretti, mentre si è aggiunto qualcosa di nuovo, come un'immagine del paesaggio toscano, per evocare la continuità della tradizione dei prodotti Galbani.

Parte del nuovo design è rappresentata anche dai consigli su come servire i formaggi, che suggeriscono ai clienti meno abituati a consumarli come gustarli meglio.

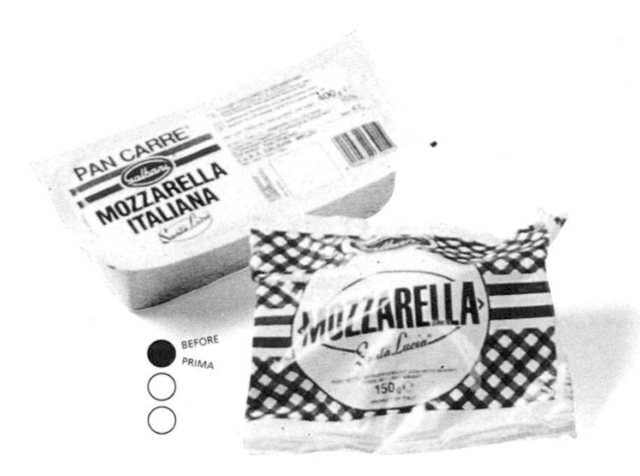

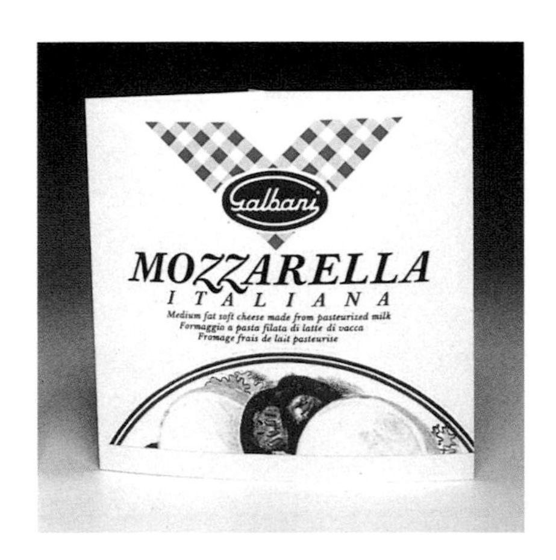

DEVELOPMENTS
SVILUPPO

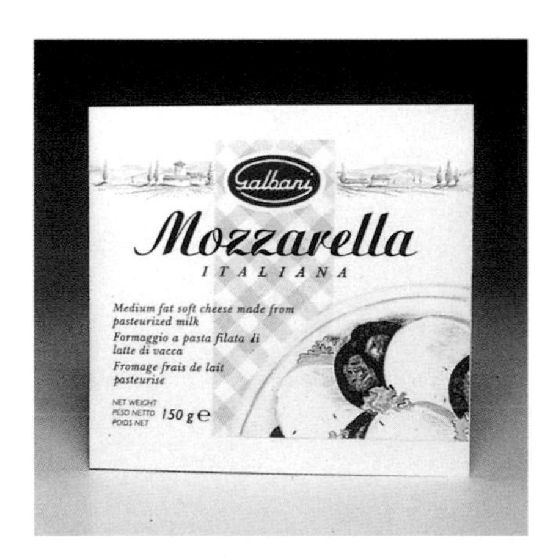

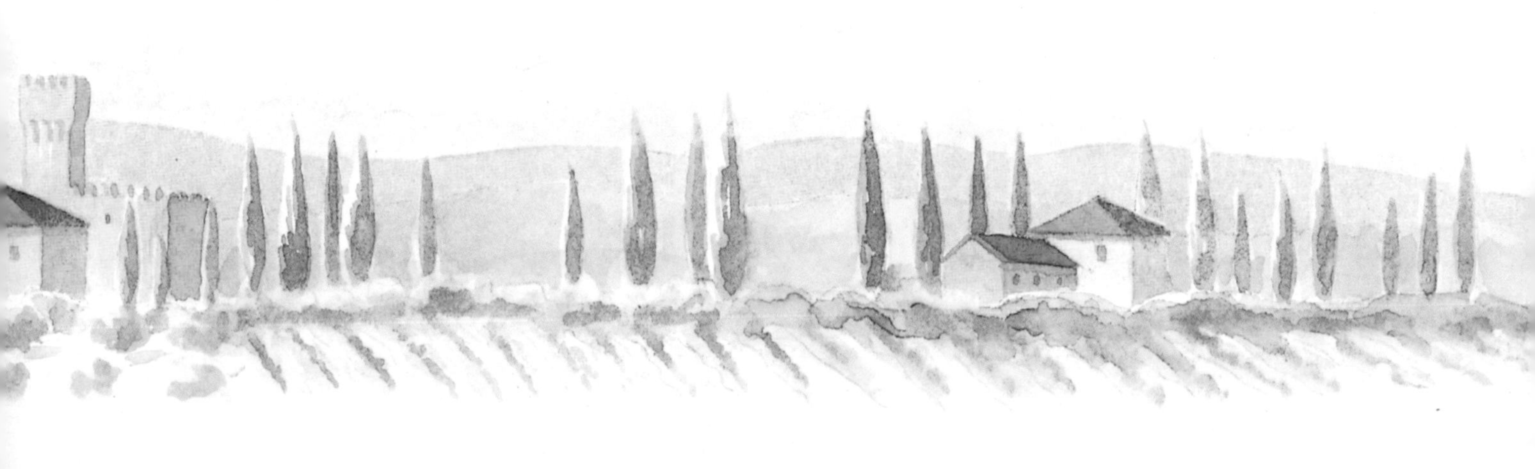

Galbani
Dolcelatte®
Gorgonzola
FORMAGGIO GORGONZOLA
Full fat soft cheese made with whole pasteurised milk
Italienischer Edelpilzkäse - Rahmstufe
Fromage à pâte persillée
Schimmelkaas bereid met volle
gepasteuriseerde melk
FORMAGGIO ITALIANO QUALITÀ
Galbani
Dolcelatte
Full fat soft cheese made with
whole p ised milk
FORMAGGIO ITALIANO QUALITÀ®
Galbani
Santa Lucia®
Mozzarella
ITALIANA
riginal Italienischer
Käse in Salzlake
esh Italian, full fat soft cheese,
with pasteurized milk
125 g ℮
Fromage
obtenu à partir
Schimmelkaas, bereid
Edelpilzkäse hergestel

Dolcelatte®
Gorgonzola
FORMAGGIO GORGONZOLA
Full fat soft cheese made with whole pasteurised milk
Italienischer Edelpilzkäse - Rahmstufe
Fromage à pâte persillée
Schimmelkaas bereid met volle gepasteuriseerde melk
Galbani®
Mindestens 45% Fett i. Tr.
Fat in dry matter
F.I.T.
Santa Lucia®
Mozzarella
ITALIANA
Frischer italienischer Käse aus
Galbani®
Ricotta
ITALIANA
DA CONSUMARSI ENTRO / USE BY
GEKÜHLT MINDESTENS HALTBAR BIS / A CONSOMMER JUSQU'AU
TENMINSTE HOUDBAAR TOT / MINDST HOLDBAR TIL
15 % GRASSO / FAT / FETT / MAT. GRASSES
VET / FEDT / PER 100 g
250 g ℮
Galbani
Mascarpone
ITALIANO
A CONSOMMER JUSQU'AU
USE BY
Min. Mat. grasses
(pour cent sur Extrait Sec) 79%
Fat in dry matter min. 79%
Recette à l'intérieur
Recipe inside
POIDS NET / NET WEIGHT
250 g ℮
Fromage frais italien à double crème de lait pasteurisé
Fresh cream cheese made from pasteurized milk
Convient aux Végétariens
Suitable for Vegetarians
Mascarpone
ITALIANO
Galbani
RESULT
RISULTATO

1993

INSIGNIA

Product Insignia Rio
Insignia Original
Insignia Olympian

Client Procter & Gamble

Brief To recreate an image for Insignia Original reflecting the brand's core personality – masculine, dynamic and innovative – whilst retaining the unmistakable mark of Insignia.

A variation on this design had to be created for two new companion ranges – Insignia Olympian and Insignia Rio.

Prodotto Insignia Rio
Insignia Original
Insignia Olympian

Cliente Procter & Gamble

Brief Ridare un'immagine a Insignia Original, che rifletta le caratteristiche di fondo del brand: maschile, dinamica e innovativa, pur conservando gli inconfondibili tratti di Insignia.

Andava poi creata una variazione di questo design per due nuovi prodotti della linea: Insignia Olympian e Insignia Rio.

BEFORE
PRIMA

INSIGNIA
ORIGINAL
AFTERSHAVE
LOTION
INSIGNIA
ORIGINAL
AFTERSHAVE
LOTION

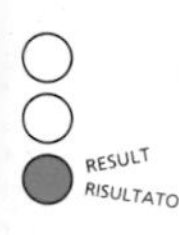
RESULT
RISULTATO

Solution The new range of packaging for Insignia Original retains key elements such as the blue colour and the focal 'hot spot' that were recognised by existing customers. These were enhanced by using a darker metallic blue to appear more 'upmarket' whilst the 'hot spot' was recreated in red and yellow with added life and sharpness to give it more movement and appear more dynamic.

For the two extension ranges a dark racing green is used for a 'sporty' effect for the Insignia Olympian while a purple captures the carnival spirit for Insignia Rio.

Result 'There can be no doubt that the distinctive new packaging for Insignia, along with a major campaign, will create a high on-shelf presence and recruit many new users to the brand'.

Procter & Gamble

Soluzione La nuova linea di packaging per Insignia Original conserva gli elementi di fondo, cioè il colore azzurro e il 'punto focale' riconoscibili da parte dei clienti affezionati. Gli stessi elementi sono stati valorizzati dall'uso di un blu metallizzato più scuro, che dà un'immagine di maggior pregio, mentre il 'punto focale' è stato rifatto in rosso e giallo, che dà più vivacità, eleganza e dinamicità.

Per le due nuove linee, si è utilizzato un verde competizione per dare l'effetto 'sportivo' all'Insignia Olympian, mentre un bel rosso porpora coglie lo spirito carnevalesco di Insignia Rio.

Risultato 'Non c'è alcun dubbio che il caratteristico packaging di Insignia, insieme a un'importante campagna, assicurerà una forte presenza on-shelf e attirerà molti nuovi consumatori.'

Procter & Gamble

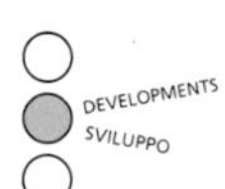

RESULT
RISULTAT

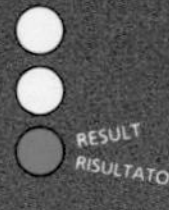

RESULT
RISULTATO

INSIGNIA
RIO
SPLASH-ON
LOTION

INSIGNIA
RIO
SPRAY
DEODORANT

INSIGNIA
RIO
SHOWER
GEL

TESCO

1988

Client Tesco

Brief To redesign and extend Tesco's ready-meal range comprising over 50 packs.

Solution A general corporate style using a coloured panel, which always holds the selection title and is overprinted by its own seal, allows individual products such as Vegetable or Indian Selection to retain their own inherent personality. Information was clearly displayed on the top of the pack to avoid too much handling from customers.

Vegetable Selection reflects the new healthy, vegetarian approach to pre-packed meals by showing the raw ingredients.

Type laid out to create chopsticks adds to the oriental feel of the Chinese range.

Cliente Tesco

Brief Ridisegnare e ampliare la linea di alimenti pronti Tesco, che comprende più di 50 diverse confezioni.

Soluzione Uno stile generale per tutti i prodotti, che sfrutta un pannello a colori che reca sempre il nome di un assortimento con un sigilllo in sovrastampa, fa sì che i singoli prodotti, come Vegetable Selection o Indian Selection, conservino una propria individualità. Le informazioni indispensabili sono leggibili con chiarezza sulla parte superiore della confezione, per evitare che i clienti la maneggino troppo.

Vegetable Selection rispecchia l'atteggiamento salutista e vegetariano riguardo agli alimenti confezionati, presentando gli ingredienti crudi.

La linea dei prodotti cinesi ha un gusto orientaleggiante grazie alla disposizione dei caratteri che richiama quella dei bastoncini.

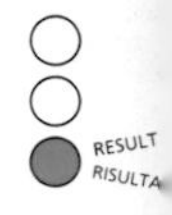

TESCO
CONTINENTAL SELECTION
MICROWAVABLE
SUITABLE FOR HOME FREEZING
BEEF
STROGANOFF
with rice
Tender strips of beef in a rich soured cream sauce with rice.
SERVES ONE
325 g ℮
11.5 oz
BEST BEFORE
PRICE
KEEP REFRIGERATED

TESCO
CONTINENTAL SELECTION
SUITABLE FOR HOME FREEZING
MOUSSAKA
Minced lamb with potato and a layer of aubergine topped with a cheese flavoured béchamel sauce.
SERVES ONE
250 g ℮
8.82 oz
BEST BEFORE
PRICE
KEEP REFRIGERATED

TESCO
CONTINENTAL SELECTION
SUITABLE FOR HOME FREEZING
MOUSSAKA
Minced lamb with potato and a layer of aubergine topped with a cheese flavoured béchamel sauce.
SERVES TWO
1 lb ℮
454 g
BEST BEFORE
PRICE
KEEP REFRIGERATED

TESCO
CONTINENTAL SELECTION
SUITABLE FOR HOME FREEZING
Lasagne
Layers of pasta with a tomato and minced beef filling, topped with a béchamel sauce.
SERVES ONE
300 g ℮
10.6 oz
KEEP REFRIGERATED

TESCO
CONTINENTAL SELECTION
600 g ℮
1.32 lb
BEST BEFORE
PRICE
KEEP REFRIGERATED

SUITABLE FOR HOME FREEZING
Lasagne
Layers of pasta with a tomato and minced beef filling, topped with a béchamel sauce.
SERVES TWO

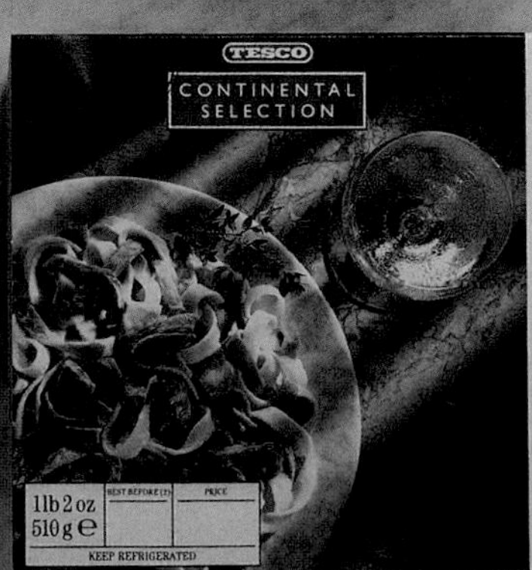
TESCO
CONTINENTAL SELECTION
1 lb 2 oz
510 g ℮
BEST BEFORE
PRICE
KEEP REFRIGERATED

MICROWAVABLE
SUITABLE FOR HOME FREEZING
Tagliatelle
Carbonara
Pasta noodles with mushrooms and ham in a creamy cheese sauce.
SERVES TWO

TESCO
INDIAN SELECTION
MICROWAVABLE
SUITABLE FOR HOME FREEZING
CHICKEN KORMA WITH PILAU RICE
A mild, creamy chicken curry with a delicate coconut flavour, served with pilau rice
serves one
12 oz
340 g e
KEEP REFRIGERATED
TESCO
INDIAN SELECTION
MICROWAVABLE
SUITABLE FOR HOME FREEZING
VEGETABLE CURRY
A medium hot vegetable curry. Serves one as a main course or more as an accompaniment
300 g e
10.6 oz
KEEP REFRIGERATED
TESCO
INDIAN SELECTION
MICROWAVABLE
SUITABLE FOR HOME FREEZING
LAMB ROGAN GOSHT WITH PILAU RICE
A medium hot spicy lamb curry, served with pilau rice
serves one
12 oz
340 g e
KEEP REFRIGERATED
TESCO
INDIAN SELECTION
MICROWAVABLE
SUITABLE FOR HOME FREEZING
BEEF MADRAS WITH PILAU RICE
A hot beef curry in a tomato sauce, served with pilau rice.
serves one
12 oz
340 g e
KEEP REFRIGERATED

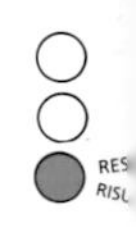

TESCO
MEXICAN SELECTION
MICROWAVABLE
SUITABLE FOR HOME FREEZING
CHILLI CON CARNE WITH RICE
MINCED BEEF WITH RED KIDNEY BEANS IN A CHILLI SAUCE SERVED WITH RICE
SERVES ONE
SERVING SUGGESTION
11½oz
325g℮
BEST BEFORE (2)
PRICE
KEEP REFRIGERATED

TESCO
MEXICAN SELECTION
MICROWAVABLE
SUITABLE FOR HOME FREEZING
CHILLI CON CARNE
MINCED BEEF WITH RED KIDNEY BEANS IN A CHILLI SAUCE
SERVES TWO
SERVING SUGGESTION
1 lb
454g℮
BEST BEFORE (2)
PRICE
KEEP REFRIGERATED

TESCO
VEGETABLE SELECTION
MICROWAVABLE
250 g ℮
8.82 oz
BEST BEFORE (2)
PRICE
KEEP REFRIGERATED
VEGETABLE MOUSSAKA
SERVES ONE

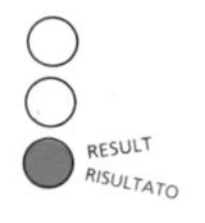
RESULT
RISULTATO

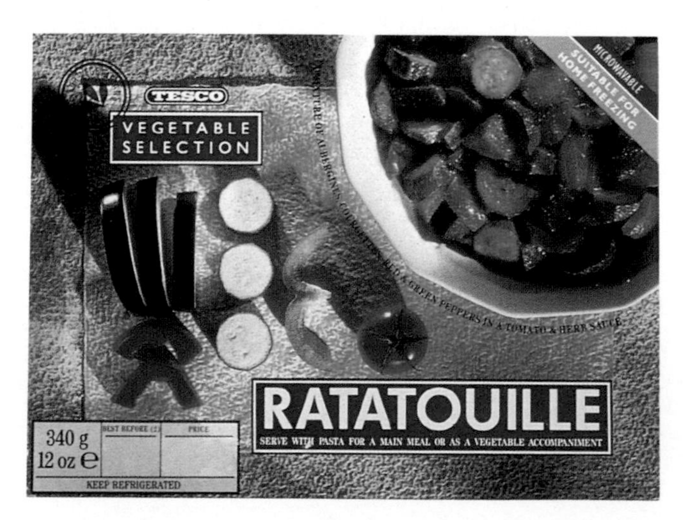
TESCO
VEGETABLE SELECTION
MICROWAVABLE
SUITABLE FOR HOME FREEZING
RATATOUILLE
SERVE WITH PASTA FOR A MAIN MEAL OR AS A VEGETABLE ACCOMPANIMENT
340 g
12 oz ℮
KEEP REFRIGERATED

VEGETARIANS
TESCO
VEGETABLE SELECTION
SUITABLE FOR HOME FREEZING
POTATO SLICES WITH A CHEESE & ONION SAUCE
CHEESY POTATO BAKE
SERVE AS A MAIN MEAL FOR ONE OR AS AN ACCOMPANYING VEGETABLE FOR MORE
454 g
1 lb ℮
BEST BEFORE (2)
PRICE
KEEP REFRIGERATED

VEGETARIANS
TESCO
VEGETABLE SELECTION
MICROWAVABLE
SUITABLE FOR HOME FREEZING
GREEN BEANS, CAULIFLOWER, TOMATO & CARROTS IN A CREAMY CHEESE SAUCE TOPPED WITH GRATED POTATO
FRESH VEGETABLE BAKE
SERVE AS A MAIN MEAL FOR ONE OR AS AN ACCOMPANYING VEGETABLE FOR MORE
15 oz
425 g℮
BEST BEFORE (2)
PRICE
KEEP REFRIGERATED

1985-1994

In a country where ice-cream is a way of life, Sammontana enjoys a reputation as king of the market.

Sammontana's ice-cream is aimed at a wide audience with products embracing everything from ice lollies to the delicious confectionery and desserts enjoyed only on special occasions.

As a highly design conscious company, Sammontana has always placed particular emphasis on packaging and marketing. For ten years Minale Tattersfield have been continually updating Sammontana's brand image and have designed over 400 new packs, plus supporting promotional material.

In un paese in cui il gelato è uno stile di vita, Sammontana gode della fama di re del mercato.

I gelati Sammontana sono destinati a un vasto pubblico di consumatori, con prodotti che vanno dai bastoncini da passeggio ai deliziosi prodotti di pasticceria, ai dessert più raffinati che si gustano solo nelle occasioni speciali.

Sammontana, è una delle aziende più consapevoli dell'importanza del design, ha sempre dato una grande importanza al packaging e al marketing. Minale Tattersfield da dieci anni tiene costantemente aggiornata l'immagine di Sammontana e ha progettato più di 400 confezioni, senza tener conto del materiale promozionale.

CIALDONE
SAMMONTANA
GELATI ALL' ITALIANA
BABY
SAMMONTANA
GELATI ALL' ITALIANA
SUPER BABY BLU
SAMMONTANA
GELATI ALL' ITALIANA
BINGO BABY BIGUSTO
SAMMONTANA
GELATI ALL' ITALIANA
SUPER BINGO BIGUSTO
SAMMONTANA
GELATI ALL' ITALIANA
SUPER BABY

Product Sammontana range of ice-cream cone packaging

Client Sammontana Gelati S.p.A.

Brief To design and create an image for Sammontana's range of ice-cream cones that is fun with a touch of elegance, avoiding the cheap joke comic look akin to many other rival brands.

Solution Bright colours were used consistently throughout the range, but without being too garish. The quality of printing was strictly controlled.

The consistent updating of the designs maintains maximum consumer interest in a highly competitive market, whilst lively and colourful illustrations make an immediate and lasting impression on adults and children alike.

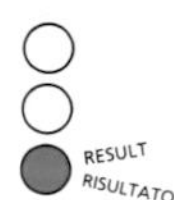

Prodotto La linea di coni gelati Sammontana

Cliente Sammontana Gelati S.p.A.

Brief Progettare e realizzare un'immagine per la linea di coni gelati Sammontana, che sia divertente, abbia un tocco di eleganza e eviti il look da fumetto dozzinale di molte marche rivali.

Soluzione Su tutte le confezioni si è fatto un impiego continuo di colori brillanti, ma non troppo vistosi. La qualità della stampa è stata accuratamente controllata.

Il continuo aggiornamento del design serve a mantenere il massimo interesse dei consumatori in un mercato molto competitivo, mentre le illustrazioni vivaci e colorate lasciano un'impressione immediata e durevole sugli adulti come sui bambini.

1985 - 1994

DEVELOPMENTS
SVILUPPO

RESULT
RISULTATO

Product Coppa D'Oro – Gold Cup

The superior quality of this ice cream shows in the proposal by an illustration of women selecting the best cherries for their quality and flavour. The final solution uses a repeat pattern illustrating and highlighting the ingredients.

Prodotto Coppa D'Oro

La qualità d'eccellenza di questo gelato è messa in rilievo nella proposta di un'illustrazione di donne che scelgono le ciliegie di migliore qualità e sapore. La soluzione definitiva sfrutta un motivo ripetuto che illustra e valorizza gli ingredienti.

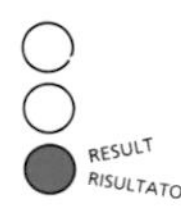

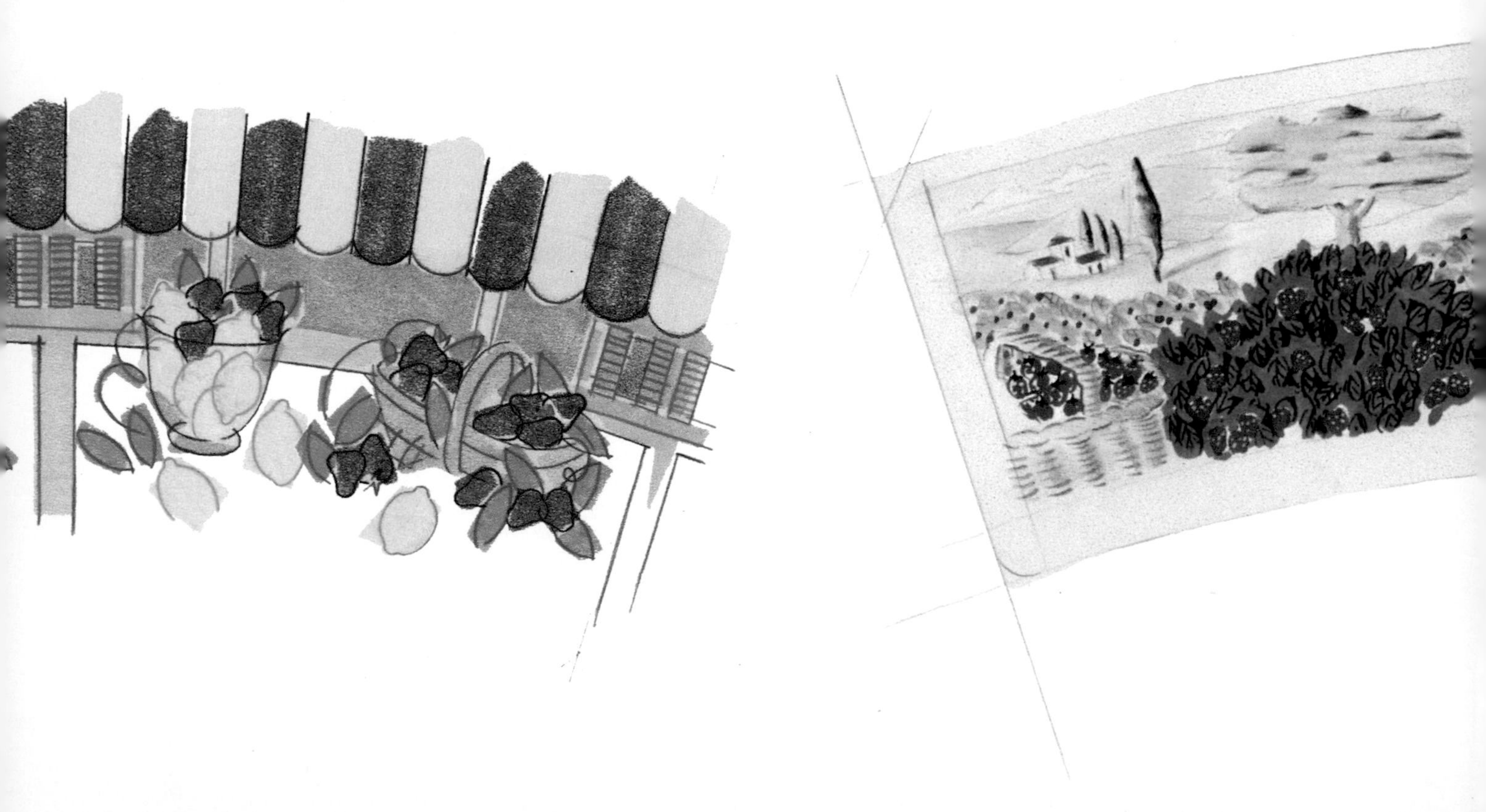

RESULT
RISULTATO

cherry
amarena

strawberry
Fragola

lemon

limone

RESULT
RISULTATO

Another part of strengthening and creating brand awareness is in point of sale and promotional items. Here the corporate logo of Sammontana has been made into juggling cones. Other ideas include litter bins baseball caps and cooler boxes.

Cooler boxes could be used for beach vendors, lunch boxes or just keeping ice-cream cold for the journey home.

Un altro aspetto che crea e rafforza la conoscenza di un brand è quello dei punti di vendita e delle promozioni. Qui il marchio Sammontana si è trasformato in coni salterini e altre idee riguardano i cestini dei rifiuti, i cappelli da baseball e le borse termiche.

Le borse termiche potrebbero essere utilizzate dai gelatai ambulanti sulla spiaggia, come cestini per il pic-nic o semplicemente per portare a casa i gelati belli freschi.

litter bin

Skipping rope

clock

table and Umbrella

Wristwatch

bats and ball

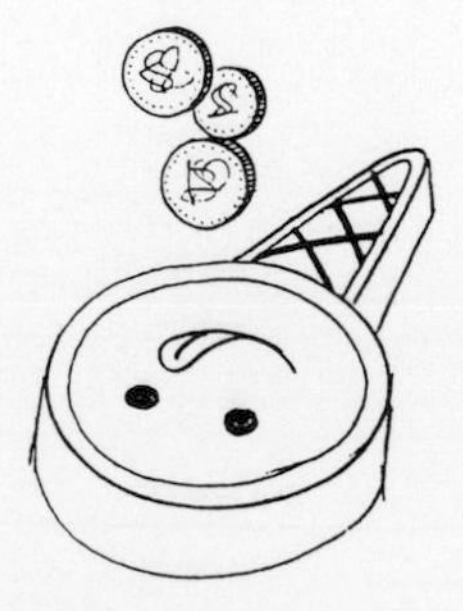

change tray

baseball cap

SAMMONTANA
GELATI ALL' ITALIANA

GRAN GELATO
SAMMONTANA
Cinque 5 Stelle

1990

Product Grand Gelato Cinque Stelle – a luxury ice-cream containing individual pieces of fruit, chocolate or nuts according to the flavour.

Client Sammontana

Brief The package had to demonstrate the product's position at the top of the range.

Solution The subtitle 'Cinque Stelle' expresses the superiority of the product, and the constellations of 5 stars, which are always on a dark blue background, graphically translate the concept and give a taste of magic. The different flavours are identified by appetising photographs of the ice-cream and ingredients.

Prodotto Grand Gelato Cinque Stelle un gelato con pezzi di frutta, cioccolato, noci ecc. dentro.

Cliente Sammontana

Brief Questo prodotto deve rappresentare il Top delle linee Sammontana.

Soluzione Il sottotitolo 'Cinque Stelle' convalida la superiorità del prodotto e le costellazioni di 5 stelle, su sfondo blù scuro, ne traducono graficamente il concetto, rendendolo magico. I differenti gusti sono identificati da appetitose fotografie del gelato e degli ingredienti.

DEVELOPMENTS
SVILUPPO

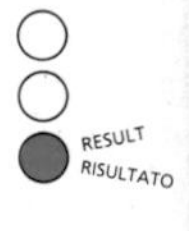

RESULT
RISULTATO

Antica Ricetta SAMMONTANA
GRAN GELATO
SAMMONTANA
Cinque 5 Stelle
SORBETTO DI FRAGOLA

Antica Ricetta SAMMONTANA
GRAN GELATO
SAMMONTANA
Cinque 5 Stelle
GELATO ALLA NOCE
CON NOCE CARAMELLATA

Antica Ricetta SAMMONTANA
GRAN GELATO
SAMMONTANA
Cinque 5 Stelle
GELATO ALLA PESCA
CON PESCA CANDITA

Antica Ricetta SAMMONTANA
GRAN GELATO
SAMMONTANA
Cinque 5 Stelle
GELATO AL CAFFÈ
CON CROCCANTI DI NOCCIOLA

Antica Ricetta SAMMONTANA
GRAN GELATO
SAMMONTANA
Cinque 5 Stelle
GELATO AL CACAO
CON CHIPS DI CIOCCOLATO

Antica Ricetta SAMMONTANA
GRAN GELATO
SAMMONTANA
Cinque 5 Stelle
GELATO AL GUSTO DI VANIGLIA
CON CROCCANTI DI MANDORLA

Antica Ricetta SAMMONTANA
GRAN GELATO
SAMMONTANA
Cinque 5 Stelle
SORBETTO DI LIMONE

1991

Product Antica Ricetta – Old Recipe

Ice-cream is no longer just for summer but can be enjoyed any time of year, after dinner or as a treat.

Client Sammontana

Brief To design a sophisticated range of packaging for Antica Ricetta.

Solution Cioccolatoni make a proud row of medals, reflecting the quality of the product.

Prodotto Antica Ricetta

Il gelato non è più soltanto un prodotto che si consuma d'estate: lo si può gustare in ogni stagione, a fine pranzo o in qualsiasi altra occasione.

Cliente Sammontana

Brief Studiare una confezione raffinata per i medaglioni di gelato.

Soluzione Cioccolatoni mostra orgogliosamente una fila di medaglie che ne enfatizzano la qualità.

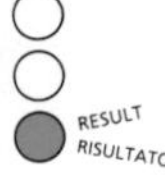

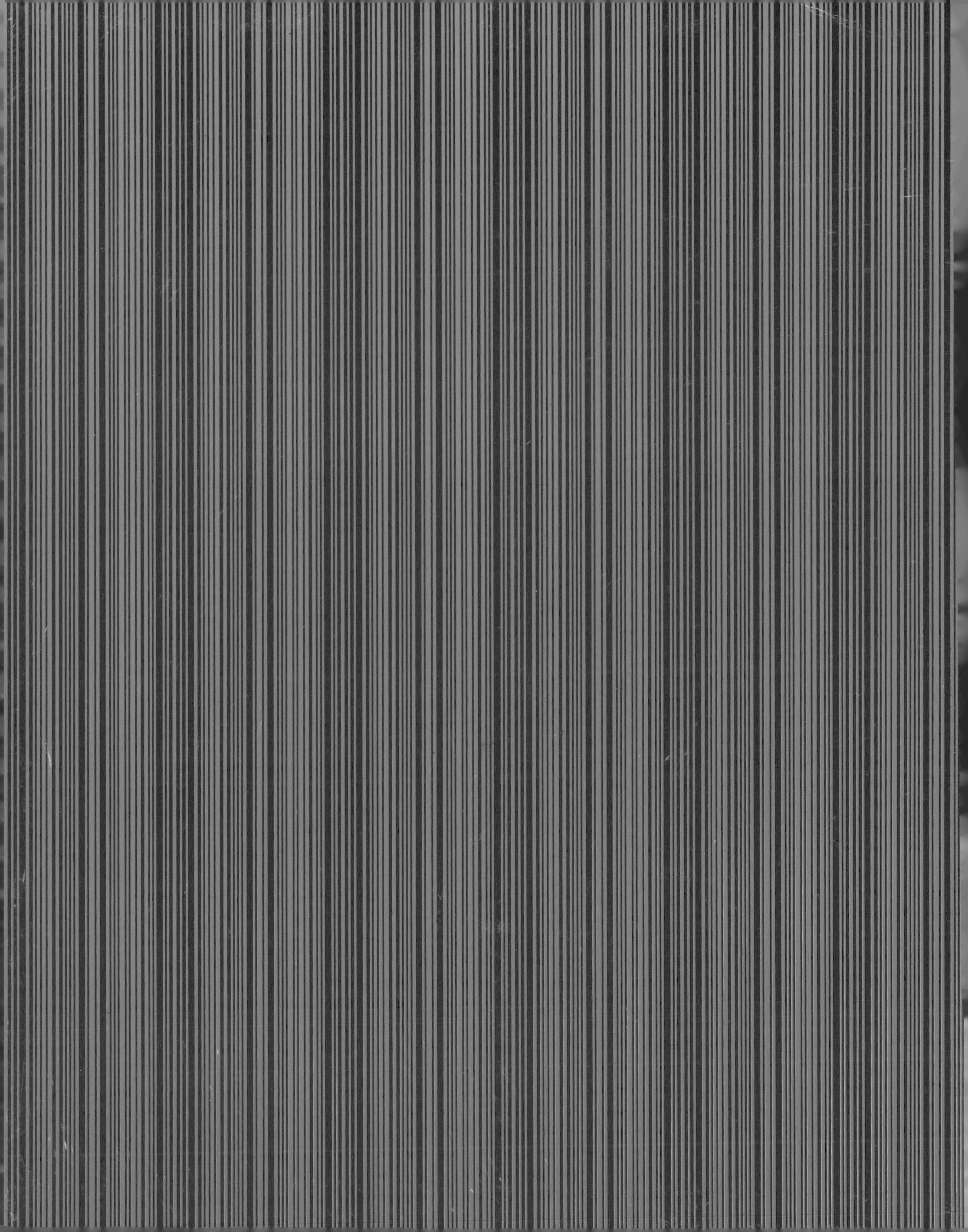